LE PHILANTHROPE PRATIQUE

PREMIÈRE PARTIE

HABITATIONS OUVRIÈRES

ÉTUDES AVEC PLANS

SUR LES

HABITATIONS ISOLÉES, MAISONS A ÉTAGES, HOTELS POUR OUVRIERS

PAR

Emile CACHEUX

OFFICIER D'ACADÉMIE

Ingénieur des Arts et Manufactures ; Médaille d'or à l'exposition de 1878, et médaille de
deuxième classe à l'exposition de Sydney pour l'ouvrage intitulé
les Habitations ouvrières en tout pays fait en collaboration avec M. E. Muller ;
Médaille d'argent et d'honneur pour ses plans et brochures concernant les villas des Lilas ;
Administrateur de la société anonyme de Passy-Auteuil pour les habitations ouvrières

LAVAL

IMPRIMERIE ET STÉRÉOTYPIE E. JAMIN

49, quai d'Avesnières, 49

1882

LES

HABITATIONS OUVRIÈRES

PARISIENNES

LE PHILANTHROPE PRATIQUE

PREMIÈRE PARTIE

HABITATIONS OUVRIÈRES

ÉTUDES AVEC PLANS

SUR LES

HABITATIONS ISOLÉES, MAISONS A ÉTAGES, HOTELS POUR OUVRIERS

PAR

Emile CACHEUX

OFFICIER D'ACADÉMIE

Ingénieur des Arts et Manufactures ; Médaille d'or à l'exposition de 1878, et médaille de
deuxième classe à l'exposition de Sydney pour l'ouvrage intitulé
les *Habitations ouvrières en tous pays*, fait en collaboration avec M. K. Muller ;
Médailles d'argent et d'honneur pour ses plans et brochures concernant les villas des Lilas ;
Administrateur de la société anonyme de Passy-Auteuil pour les habitations ouvrières.

LAVAL

IMPRIMERIE ET STÉRÉOTYPIE E. JAMIN

49, quai d'Avesnieres, 49.

1882

INTRODUCTION

Malgré les nombreux efforts tentés par le gouvernement, les membres du clergé et tous les amis de l'humanité, pour détruire la misère, le nombre des malheureux ne diminue pas sensiblement dans la plupart de nos pays civilisés.

D'après une statistique récente de M. Bertillon, la misère fait périr tous les ans quatre-vingt-dix mille Français, et cette hécatombe de victimes ira toujours en augmentant par suite de l'élévation du prix des choses nécessaires à la vie, si on ne cherche pas à employer, pour rémédier au mal des moyens plus efficaces que ceux qui étaient usités dans le vieux monde. Nous sommes heureux de constater que les philanthropes modernes ont réussi dans un grand nombre de cas à améliorer sensiblement le sort des malheureux. Ainsi, à Londres, d'après M. d'Haussonville, le nombre des indigents inscrits sur les registres des bureaux de bienfaisance a diminué dans de fortes proportions pendant la période des vingt dernières années qui viennent de s'écouler ; en France, nous relevons avec plaisir plusieurs solutions du problème qui consiste à assurer au travailleur une vie à l'abri du besoin, et même des avantages qui jusqu'ici paraissaient réservés à la seule richesse. L'une des plus remarquables est due à l'initiative de M. Godin, ancien député de l'Aisne, créateur de l'industrie des fourneaux en fonte. M. Godin commença par loger les douze cents ouvriers qu'occupe son industrie dans le familistère de Guise ; vaste bâtiment parfaitement aménagé, dans lequel il se réserva un appartement. M. Godin passe sa vie au milieu de ses ouvriers, cela ne l'empêche pas de recevoir à sa table de hautes notabilités.

L'habitant du familistère est suivi depuis sa naissance

jusqu'à sa mort. Aussitôt qu'il naît un enfant dans le familistère, on inscrit son nom au-dessus d'un berceau placé dans la nourricerie et, quand la mère a besoin de s'absenter, elle a la facilité d'y déposer son enfant et de le confier ainsi au soin des femmes qui gardent l'établissement.

La nourricerie remplace avec avantage la crèche, car elle dispense la mère de se séparer pour toute une journée de son enfant.

Les meilleures méthodes d'instruction et d'éducation sont employées au familistère pour l'enfant, jusqu'à ce qu'il arrive à l'âge de quatorze ans. Parvenu à cet âge, il a le choix, soit de faire son éducation industrielle, dans les ateliers de M. Godin, où il peut entrer comme apprenti, soit d'embrasser toute autre carrière conforme à ses aptitudes.

Le familistère est pourvu de magasins où l'habitant peut acheter en détail, au prix du gros, toutes les choses nécessaires à la vie.

Les soins gratuits d'un médecin et la fourniture de tous les médicaments nécessaires sont assurés aux habitants du familistère.

Un théâtre, une bibliothèque, des jeux de toute sorte permettent à l'ouvrier de passer agréablement ses moments de loisir.

.M. Godin vient de mettre son usine en actions qui deviennent la propriété de ses ouvriers.

La part des ouvriers augmente chaque année dans des proportions très considérables ; par suite, dans un avenir très-prochain, la durée de la création de M. Godin ne dépendra plus de la vie d'un homme.

Ce qu'il y a de plus remarquable dans l'œuvre de M. Godin, c'est que la religion n'a contribué en rien à son succès. Il n'en est pas de même des nombreux établissements industriels qui offrent des avantages analogues à leurs ouvriers et qui, en général, ont commencé par élever des églises avant de faire des écoles. La grande industrie loge parfaitement son personnel, elle assure une aisance relative à tous les travailleurs qui usent leurs corps à son service.

Un des plus beaux exemples des bienfaits de l'industrie au point de vue de l'amélioration sociale nous est fourni par la ville de Mulhouse, qui a su, grâce à ses admirables institutions, acquérir une si grande importance au point de vue industriel, malgré les désavantages de sa situation dans un pays qui ne produit pas les matières premières nécessaires à ses usines et qui est obligé d'exporter au loin ses produits manufacturés. A Mulhouse, on n'a pas cherché à augmenter le bien-être de l'ouvrier en augmentant son salaire, mais on a mis à sa portée tout ce qui est nécessaire aux besoins de la vie. On s'est occupé de l'enfant dès sa naissance, en créant une société qui a pour but de payer aux jeunes mères leur salaire habituel, à la condition qu'elles allaiteront leurs enfants et qu'elles se consacreront entièrement à l'éducation de leurs nourrissons pendant trois mois.

Les écoles de Mulhouse n'ont rien à envier à celles des pays les plus avancés au point de vue de l'instruction pratique.

Les écoles spéciales d'apprentis, les ouvroirs, les cours d'adultes sont parfaitement installés.

On y trouve aussi des écoles de filature et de tissage, une école de commerce, une école de gravure pour les femmes, des musées de peinture, de sculpture, de dessins de machines, de modèles d'étoffes.

Des prix ont été institués pour récompenser les chauffeurs qui brûlaient le moins de houille.

En un mot, on donne à Mulhouse une instruction théorique et pratique suffisante pour procurer à chacun les moyens de se rendre utile.

Les succès obtenus dans cette voie ont été consiérables.

Pendant longtemps Mulhouse a été une pépinière où .les étrangers venaient chercher des directeurs d'établissements industriels.

Mulhouse s'occupe aussi de donner du travail à ses enfants.

La Société industrielle de Mulhouse qui prit sous son patronage toutes les institutions d'utilité publique qui le méritaient, décerna des prix d'une certaine importance à tous ceux qui introduisirent une nouvelle industrie en Alsace, qui en améliorèrent une existante.

Dans un autre ordre d'idées, des efforts furent tentés pour placer les produits fabriqués à Mulhouse.

Une école de commerce fut fondée à cet effet ; elle marchait assez convenablement quand survinrent les funestes événements de 1870, à la suite desquels elle fut transférée au Havre.

Une Société d'exportation permit aussi d'écouler les produits mulhousiens dans plusieurs contrées de l'Amérique du Sud.

La Société industrielle envoya plusieurs jeunes gens dans l'extrême Orient avec mission de trouver des débouchés pour les produits manufacturés, de chercher à faire arriver à Mulhouse des matières premières à meilleur compte. Ces voyages produisirent des résultats favorables.

Mulhouse s'occupa de donner à ses ouvriers les avantages de la richesse ; on commença par créer les cités ouvrières, pour loger convenablement l'ouvrier et le rendre propriétaire. Une fois qu'on eut fixé une notable partie des ouvriers, il fut facile d'organiser des établissements d'utilité publique à prix réduits, tels que bains et lavoirs, des restaurants économiques, et enfin des Sociétés de consommation, de coopération et de crédit mutuel.

Les Sociétés de consommation réussirent assez bien, mais les autres Sociétés végètent. M. Godin a mieux réussi en habituant petit à petit les ouvriers au maniement des affaires et en leur donnant peu à peu la propriété de son établissement.

Les Mulhousiens essayèrent la participation aux bénéfices sous toutes ses formes. Dans plusieurs établissements on distribua une partie des bénéfices aux ouvriers ; dans d'autres on les employa soit à des primes, soit à des institutions créées dans l'intérêt de cette classe de la population.

Les Mulhousiens ont cherché à garantir l'ouvrier contre tous les risques qui peuvent l'atteindre lui et sa famille : les accidents, l'incendie, le chômage, la maladie, les infirmités, la vieillesse, la mort, et ils ont réussi dans une certaine mesure.

Sous le rapport des distractions, les travailleurs à Mulhouse ne sont pas à plaindre, on a créé pour eux le cercle populaire (grâce à un don de 100,000 fr. de MM. Siegfried); des sociétés de musique vocale et instrumentale, de gymnastique, de tir, des musées, un jardin d'acclimatation.

Les secours donnés à l'homme, qui, pour une cause ou pour une autre, tombe à la charge de la Société, ne manquent pas. On remarque parmi les institutions mulhousiennes, les comités de patronage qui se partagent la ville par quartiers et dont les membres ont pour mission de rechercher les pauvres honteux.

Grâce à l'excellente organisation de ses institutions ouvrières, l'industrie mulhousienne a pu traverser sans trouble la terrible crise de 1870 et donner du pain à ses quarante mille ouvriers.

Il faut espérer que si, dans la pratique de la bienfaisance, on appliquait à Paris les principes suivis à Mulhouse, on diminuerait de beaucoup le nombre des indigents ; et au lieu d'une diminution de un sur treize, on arriverait à supprimer cinquante pour cent des individus inscrits sur les listes des bureaux de bienfaisance, comme on l'a fait à Londres depuis une vingtaine d'années.

Je suis loin de méconnaître la générosité des Parisiens ; dans aucune ville on ne rencontre plus de Sociétés fondées pour venir en aide à l'infortune ; malheureusement, à Paris, *on donne son argent* et l'on s'inquiète fort peu de la manière dont il est distribué ; il en résulte que des misérables abusent du bon mouvement qui nous porte toujours à secourir un être souffrant. Pour qui connaît les ruses employées par les mendiants dans le but d'émouvoir les cœurs généreux, il n'est pas étonnant que, dans son enquête sur le paupérisme, M. de Kersanté, rapporteur de la Société d'agriculture de France, n'ait trouvé que 2 p. 0/0 des individus inscrits sur les listes de bienfaisance, véritablement dignes d'intérêt.

Nous croyons donc que pour arriver à un résultat un peu important, il faudrait fonder à Paris une Société d'utilité publique, ayant pour but de rechercher et de mettre en pratique les meilleurs moyens propres à détruire la misère.

Ces moyens sont :

1° De former le plus grand nombre possible d'hommes sains, robustes et assez instruits pour rendre des services à la Société ;

2° De mettre à la disposition de ces hommes un travail assez rémunérateur pour leur permettre de vivre convenablement, eux et leur famille, et de s'assurer contre les maladies, le chômage, les accidents, les infirmités, la vieillesse, la mort ;

3° De développer le bien être moral, intellectuel et matériel des travailleurs par tous les moyens qui ont donné des résultats jusqu'à ce jour et par tous ceux que la Société supposera capables d'en donner ;

4° De venir en aide par les moyens les plus efficaces aux personnes qui tombent à la charge de leurs concitoyens.

COMPOSITION DE LA SOCIÉTÉ.

La Société se composera de membres honoraires et de membres associés.

Le titre de membre honoraire pourra être décerné à toute

personne qui aura rendu des services à l'humanité ou sera en situation d'être utile à la Société.

Les membres associés se diviseront en membres donateurs et membres fondateurs et membres à vie, comme dans toutes les associations de bienfaisance.

Tous les membres de la Société seront invités à envoyer au siège de l'Association, soit sous forme de notes, soit sous forme de mémoires, des documents concernant le bien-être des travailleurs.

RESSOURCES DE LA SOCIÉTÉ.

Les ressources de la Société seront celles de toutes les institutions de bienfaisance ; elles seront le produit :

1° Des cotisations des membres ;

2° De subventions fournies par l'État, les départements, les villes ;

3° De dons et de legs ;

4° De fêtes de charité, quêtes, souscriptions, loteries ;

5° De la vente des publications de la Société.

ADMINISTRATION.

La Société sera administrée par des personnes dont les fonctions seront gratuites, mais qui auront droit à des jetons de présence.

Le conseil d'administration aura les pouvoirs les plus étendus pour gérer la fortune de la Société ; mais, comme elle devra être reconnue d'utilité publique le plus tôt possible, ses ressources ne pourront pas être employées dans des entreprises industrielles ; elles devront être uniquement affectées :

1° Aux publications de la Société ;

2° A subventionner des entreprises philanthropiques ;

3° A rémunérer convenablement un bon comité de ré-
dacteurs;

4° A organiser des missions scientifiques, commerciales et
industrielles en France, dans ses colonies et à l'étranger ;

5° A indemniser convenablement de leur temps et de leur
argent toutes les personnes qui auront fourni des documents
utiles à la Société.

Ainsi qu'on le voit, le champ de la Société est très vaste,
mais il ne nous effraie pas, car beaucoup de Sociétés en
France, et surtout beaucoup de personnes généreuses, s'occupent de ces questions et il suffira de grouper toutes ces
bonnes volontés pour mener l'entreprise à bonne fin.

En attendant la formation de la Société industrielle parisienne, je continue à m'occuper de construire des habitations
ouvrières. Je donne dans les chapitres suivants les résultats
de mes efforts et de mes tentatives.

Janvier 1882.

E. CACHEUX.

HABITATIONS OUVRIÈRES

PARISIENNES

PREMIÈRE PARTIE

ETUDE DE LA QUESTION DES HABITATIONS OUVRIÈRES PARISIENNES

Devenu, par suite de circonstances particulières, propriétaire d'une quinzaine de maisons, qui contiennent environ cinq cents logements, et qui sont situées dans divers quartiers de Paris, j'ai été amené à étudier la *question des habitations ouvrières parisiennes*.

Dès les premières visites faites dans mes immeubles, j'ai été frappé des conditions insalubres dans lesquelles vivaient mes locataires, et j'ai cherché à améliorer leurs logements.

J'ai visité dans Paris plusieurs milliers d'habitations ouvrières, et j'ai reconnu que la plupart étaient dans le même cas, et que, même dans les maisons qui ont été autrefois subventionnées par le Gouvernement, les travailleurs étaient logés d'une manière peu conforme *aux lois de la morale et aux règles de l'hygiène*.

Dans toutes ces habitations, j'ai trouvé à peine un logement sur dix composé de trois pièces et cuisine, pendant que dans Paris, d'après M. Toussaint Loua, la moitié des familles de travailleurs sont composées de plus de quatre personnes et devraient par conséquent occuper des logements composés de trois pièces et d'une cuisine.

Les ouvriers parisiens sont donc, en général, logés trop à l'étroit.

Dans les pays primitifs, on comprend qu'une famille puisse habiter une seule pièce ; mais, dans nos grands centres, à Paris surtout, l'air est trop impur et la démoralisation trop profonde dans les classes ouvrières pour que la demeure en commun n'amène pas des résultats funestes.

Ces résultats sont notamment les suivants :

1° Le chef de famille abandonne son foyer, qu'il trouve sans attrait, pour aller au cabaret, où il perd avec son argent sa santé, qui est son unique capital.

2° On fait la cuisine dans les chambres où l'on couche.

Or, il n'est rien de plus pernicieux pour la santé que de respirer des émanations culinaires, surtout quand le corps est fatigué par le travail.

3° Toutes les personnes de la famille couchent dans la même pièce, sans souci de l'âge ni du sexe, ce qui rend bien peu efficaces les efforts tendant à l'éducation morale et intellectuelle des enfants.

4° Quand une épidémie se déclare dans un quartier, les soins des médecins et les remèdes des pharmaciens sont impuissants pour circonscrire le mal.

5° Les ouvriers pauvres, mais honnêtes, sont forcés de vivre au milieu d'une population criblée de vices ; aussi les policemen de Londres se plaignirent-ils au lord maire d'être forcés, par suite du prix élevé des loyers, d'habiter à côté de personnes qu'ils étaient souvent forcés d'arrêter.

Préoccupé de l'idée de trouver un remède à l'état déplorable des habitations des classes pauvres à Paris, je reconnus que, réduit à mes propres forces, je n'arriverais à aucun résultat sérieux.

C'est pourquoi j'eus recours à mon ancien professeur à l'Ecole centrale, M. Emile Muller, qui a construit les cités ouvrières de Mulhouse et qui, depuis trente ans, collectionne des documents concernant les habitations ouvrières.

Je ne pouvais mieux m'adresser qu'à M. Muller, car, à cette époque, M. Jean Dollfus, fondateur des cités ouvrières de Mulhouse, chargeait l'éminent professeur de construire à Paris une vingtaine de maisons dans le genre de celles de Mulhouse.

Les occupations de M. Muller ne lui permettant pas de donner beaucoup de temps à cette affaire, il me proposa de m'adjoindre à lui.

J'acceptai avec reconnaissance ; je me mis à l'œuvre immédiatement, et je me suis consacré spécialement à l'étude des logements d'ouvriers.

Malheureusement, il n'a pas été aussi facile de faire à Paris ce qui avait été exécuté à Mulhouse.

Dans cette dernière ville, les logements d'ouvriers, avant la fondation des cités, étaient loués au prix élevé de cent francs par an et par chambre, et rapportaient des bénéfices élevés à leurs propriétaires.

Les deux éléments qui constituent le prix de revient d'une maison, le terrain et la construction, pouvaient être obtenus à bon compte. Le terrain était d'autant moins cher que les grands prés autour des fabriques, qui servaient à blanchir les tissus, devinrent libres par suite de l'emploi du chlore et purent servir de sol à bâtir.

Il fut donc possible de faire des maisons au prix de deux mille cinq cents francs, et de les vendre moyennant le paiement, pendant quinze ans, d'une annuité de 250 francs. Donc, en payant 50 francs de plus que le prix d'un logement de deux pièces, on devenait, au bout de quinze ans, propriétaire d'une maison à un étage, comprenant cuisine, trois pièces, grenier, cave et jardin.

Le problème de loger convenablement l'ouvrier a été facile
à résoudre à Mulhouse ; mais il n'en est pas de même à Paris,
car on y rencontre mille difficultés relatives :

1° Au prix des terrains ;

2° A la cherté des constructions ;

3° A l'habitude prise par les ouvriers de se contenter de logements trop étroits et de passer le plus de temps possible hors
de chez eux.

Et ces difficultés sont même augmentées par des théoriciens
qui critiquent le plus possible les essais et les tentatives faites
pour loger les ouvriers, et par des personnes arriérées qui
craignent de donner aux travailleurs le temps du calcul et l'habitude de la réflexion.

Nous ne parvînmes pas, M. Muller et moi, à satisfaire M.
Jean Dollfus, mais les recherches que nous fîmes à ce sujet
nous donnèrent la preuve que dans plusieurs pays on avait
réussi à loger les ouvriers aussi bien qu'à Mulhouse, ce qui
nous fit prendre la résolution d'étudier les procédés mis en
usage à l'étranger pour résoudre ce problème si difficile :
« *mettre à la disposition du travailleur parisien une habitation à bon marché, satisfaisant aux lois de la morale et aux
préceptes de l'hygiène.*

Après trois années de recherches, nous avons publié un ouvrage sur les habitations ouvrières en tous pays. Nos planches
et les épreuves du texte exposées en 1878 nous ont valu une
médaille d'or.

Cet ouvrage contient les plans d'exécution d'une centaine
de types d'habitations ouvrières, construites en divers pays,
notamment en Angleterre, en Amérique, en Allemagne, en
Autriche, en Belgique, dans le Danemarck, la Suède, la Russie, l'Espagne, l'Italie, la Suisse.

En voyant tous ces pays, placés dans des conditions plus dé-
favorables que la France, loger convenablement leurs ouvriers,
je n'ai pu m'empêcher de chercher une solution pratique, pour

mettre à la disposition des classes laborieuses de Paris des maisons saines, commodes et économiques, et je consigne ici le résultat de mes recherches.

ESSAIS FAITS A PARIS POUR LOGER LES OUVRIERS

Le problème a été abordé plusieurs fois.

L'essai le plus ancien a été fait par M. Valladon, qui, vers 1848, fit établir le passage Valladon et le borda de petites maisons qu'il vendit par annuités.

Aujourd'hui, le passage ainsi créé est devenu une rue ; les maisons ont été surélevées pour la plupart, et elles n'appartiennent plus à des ouvriers.

En 1852, le gouvernement impérial donna dix millions pour améliorer les habitations ouvrières.

Cet argent fut dépensé de la manière suivante :

Six millions servirent à construire les asiles de Vincennes et du Vésinet.

Deux millions furent absorbés par la construction de dix-sept maisons à étages boulevard Diderot, ancien boulevard Mazas ; mais ces maisons ne sont pas aménagées convenablement pour loger des ouvriers ; seize de ces maisons viennent d'être louées en principale location, moyennant le prix de cent six mille francs. Nous avons vu des personnes très aisées occuper ces constructions, et c'est pour cette raison que le gouvernement actuel a jugé à propos de les livrer à la spéculation. — Nous le regrettons, car elles contiennent par étage deux logements de trois pièces avec cuisine, et un logement de deux pièces avec cuisine ; ces logements auraient pu être loués à des familles honorables d'ouvriers, moyennant un loyer qui aurait procuré 3 0/0 net de revenu à l'Etat.

Deux millions seulement ont été fournis à titre de subvention à des constructeurs d'habitations ouvrières.

Sur ces deux millions, 1,200,000 francs ont été distribués à Paris, *à titre de subvention*, à raison de un tiers de la dépense et ont servi à construire des habitations ouvrières valant trois millions six cent mille francs.

La dix-septième maison, dont nous donnons le plan, a été construite pour loger des ouvriers célibataires ; elle sert encore à cet usage.

On trouvera, dans les planches de cet ouvage, les plans des maisons de MM. Puteaux, Camille, Cazeau, Ponthieu, Pereire, Cousin, etc.

Dans toutes ces constructions, le prix de location du mètre superficiel devait varier entre sept francs, sept francs cinquante centimes et huit francs.

En tenant compte de cette clause et de toutes les conditions imposées par l'architecte du ministère, les propriétaires subventionnés tiraient à peine 5 0/0 net de leurs logements d'ouvriers.

Ils n'obtenaient un rendement supérieur qu'en louant les rez-de-chaussée comme boutiques au prix de *quinze francs le mètre* et au-delà.

L'argent distribué en province à titre de subvention produisit d'heureux résultats. Deux cent mille francs ont été donnés, il est vrai, pour construire et améliorer des asiles ; mais trois cent mille francs, pris sur le reste et donnés à la société des habitations ouvrières de Mulhouse, ont facilité sa création.

Donc, grâce à une subvention de trois cent mille francs, neuf cent quatre-vingts seize maisons ont été mises à la disposition des ouvriers ; chaque maison est composée de trois pièces, cuisine, grenier, cave ou cellier, jardin.

Les heureux résultats obtenus à Mulhouse ont engagé plusieurs constructeurs à opérer de la même manière.

A Clichy-la-Garenne, M. Jouffroy-Renault a fait construire quatre-vingt-seize maisons.

Toutes ces maisons, construites par M. Picard, architecte,

ont été louées ou vendues ; mais les résultats pécuniaires n'ont pas été bien brillants.

M. Blondel, architecte, a construit, pour le compte d'une société immobilière, une vingtaine de maisons, groupées par deux, sur la route de Charenton ; ces maisons ont été vendues par annuités, mais la société n'a pas trouvé les résultats pécuniaires suffisamment rémunérateurs pour se décider à en construire d'autres.

Cette société comptait faire deux immenses boulevards, de belles maisons sur les voies principales et réserver les fonds pour les maisons d'ouvriers.

La guerre de 1870 arrêta ces projets.

M. Stanislas Ferrand a cherché pendant longtemps à créer une société ayant pour objet la construction de petites maisons analogues à celle qu'il exposa en 1867, et qu'il prétendait pouvoir établir au prix de 3,000 francs ; il obtint une médaille d'argent, mais ne put parvenir à constituer une société.

Napoléon III fit construire quarante-une maison avenue Daumesnil.

Il offrit de les donner à une société composée d'ouvriers, à la condition que les membres de cette société souscriraient mille actions de cent francs. Cette condition fut remplie par la Société coopérative immobilière des ouvriers de Paris, et la donation fut faite.

Pour augmenter le chiffre de ses opérations, la Société emprunta deux cent mille francs au Crédit foncier ; elle construisit des maisons à étages à Grenelle et la villa des Rigoles à Belleville.

Dans les deux cas, la Société ne tira pas 5 0/0 de son argent, et c'est ce qui explique pourquoi les capitalistes sont si peu disposés à construire des habitations ouvrières.

Après bien des études, je suis pourtant arrivé à la conviction qu'il est possible de doter Paris d'habitations ouvrières, soit isolées, soit à étages ; mais, pour cela, il faut agir avec de grands capitaux et employer diverses méthodes, suivant les quartiers. Voici les expériences faites par moi et qui viennent à l'appui de mon assertion. Mon premier essai a été fait aux Lilas, près Paris, où j'ai utilisé neuf mille mètres de terrain. de la manière suivante :

J'ai commencé par faire des rues ; puis j'ai vendu les terrains bien placés pour regagner la perte des terrains employés pour les rues, et j'ai donné ces derniers à la commune en échange des frais de viabilité.

Ensuite j'ai construit plusieurs types de maisons que j'ai vendues par annuités.

Enfin j'ai vendu le reste de mon terrain en prenant l'engagement d'avancer aux acquéreurs les trois quarts de la somme nécessaire pour construire, et en leur accordant un délai de quinze années pour se libérer. J'ai donc opéré en combinant le système de Mulhouse avec celui qui est employé par les building sociétés en Angleterre.

Mon opération a réussi au point de vue pécuniaire.

J'ai vendu mon terrain au prix de 15 francs le mètre.

J'ai retiré 5 0/0 de mon argent.

Les maisons les plus économiques construites par moi aux Lilas ont coûté 4,400 francs.

Le prix du terrain, joint à celui de la clôture, du puits, etc., en a élevé le prix de vente à 6,000 fr.

On m'a reproché d'avoir bâti pour l'aristocratie de la misère. C'est pourquoi j'ai avancé des fonds aux personnes qui veulent construire elles-mêmes ; aucune n'a construit des maisons coûtant moins cher que les miennes.

Néanmoins, pour tenir compte du reproche que l'on m'a adressé, j'ai fait une nouvelle opération Boulevard Murat, sur un terrain profond et très étroit.

J'ai demandé à trois constructeurs récompensés dans diverses expositions de me construire une maison suivant leur système.

Un seul a répondu à mon appel ; il m'a offert de me compter. tout au prix de revient et de ne me demander que 20 0/0 pour la conduite des travaux, son brevet, etc.

Je comptais dépenser trois mille francs pour la maison faite suivant son système. Cette maison m'est revenue à plus de six mille francs. Je l'ai vendue moyennant le versement d'une somme de 600 francs effectué pendant 15 ans.

Les autres maisons m'ont coûté également plus de six mille francs par suite des murs mitoyens, fosses, etc.

Je conclus de cette expérience qu'on ne peut établir à Paris des maisons isolées à moins de 6,000 francs. En les groupant, on peut les obtenir à un prix moins élevé, c'est pourquoi j'ai tenté un troisième essai en faisant établir impasse Boileau, par un entrepreneur, dix maisons contiguës moyennant la somme de trente-six mille francs.

Ces maisons comprennent trois pièces et une cuisine.

Elles sont à rez-de-chaussée.

Elles ont comme dépendances une cave et un jardin.

J'ai cédé ces maisons à prix coûtant à la société de Passy-Auteuil pour les habitations ouvrières ; j'espère établir des maisons analogues dans un autre quartier, je pourrai les vendre 5,000 fr. Comme ce prix est trop élevé pour un ouvrier et que d'un autre côté il ne laisse aucun bénéfice, j'ai essayé le système des Land sociétés.

J'ai acheté du terrain ; je l'ai loti et revendu par lots en donnant 20 ans pour payer.

Mes lots se sont achetés avec une grande rapidité, mais ils ne seront pas utilisés comme ils auraient dû l'être. Les spéculateurs ont profité des facilités accordées par moi pour acquérir, et mon but ne s'est point trouvé rempli comme je l'avais compris dans le principe.

Il faut donc, pour arriver à un résultat, construire soi-même des maisons et les revendre par annuités, ou bien imposer à l'acquéreur la condition de construire suivant un type approuvé

par le vendeur et lui avancer des fonds pour construire en lui
donnant la facilité de se libérer par annuités.

VENTE DE MAISONS PAR ANNUITÉS.

Le système de vente par annuités de petites maisons est
celui qui peut rendre le plus de services. On l'accuse de créer
une charge pour l'ouvrier, de l'enchaîner à sa maison, etc., de
le soumettre à des privations et de lui faire négliger tous ses
devoirs. D'après M. Le Play et son école, rendre l'ouvrier
propriétaire c'est exposer ses héritiers à une ruine complète
par suite des lois qui régissent les successions et de la licitation, qui est la conséquence de leur ouverture.

Tous ces raisonnements tombent devant les faits.

Il est sans doute dangereux pour un ouvrier d'acheter une
maison située près d'une usine qui peut tomber d'un moment
à l'autre, mais il n'en est plus de même dans les centres industriels où le travailleur trouve toujours à s'occuper.

En Angleterre les ouvriers sont tout aussi indépendants que
n'importe quel théoricien ; cela ne les empêche pas d'acheter
des maisons chaque fois que l'occasion s'en présente, et j'ai
pu me convaincre par expérience qu'il en est de même en
France.

L'achat et la construction de petites maisons ont même
donné naissance en Angleterre et en Amérique à près de cinq
mille Building sociétés spécialement destinées à prêter de l'argent aux personnes qui veulent construire des cottages avec
facilité de se libérer par annuités.

Les avantages de l'achat d'une petite maison sont tellement
nombreux qu'on ne comprend pas l'opposition faite à l'idée de
rendre l'ouvrier propriétaire, mais comme beaucoup de bons
esprits lui sont hostiles, nous ferons l'étude détaillée de ses
avantages.

En premier lieu, une petite maison est louée sur le pied de

8 à 10 0/0, car le propriétaire tient à retirer 5 0/0 au moins de son argent, et comme le locataire d'un petit logement ne paie pas les contributions des portes et fenêtres, les réparations locatives, les vidanges,— qu'il déménage pour le motif le plus futile, qu'il faut dépenser une somme assez considérable pour l'expulser, et remettre en état son logement qu'il n'habite pas en bon père de famille, il en résulte que, pour retirer les intérêts de son capital, le propriétaire fait payer les bons locataires pour les mauvais et que l'immeuble est loué sur le pied de 8 à 10 0/0 de son prix de revient, tandis que l'argent comptant ou des valeurs sûres sont prêtés au taux de 5 0/0.

Donc, quand le locataire trouve à emprunter l'argent nécessaire pour acheter une maison, il peut, en payant une annuité égale à son loyer, devenir propriétaire par le seul fait de garantir pendant un certain temps le revenu d'une maison net de toutes charges d'impôts.

En Angleterre les maisons sont louées ordinairement sur le pied de 10 0/0 du prix de revient de la construction ; les Building sociétés prêtent de l'argent à 6, et même à 8 0/0 ; donc en empruntant une somme d'argent au lieu de louer une maison, le locataire fait un bénéfice annuel de 2 à 4 0/0, du prix de revient de son logement, et ce bénéfice placé à intérêts composés peut lui permettre d'acquérir son habitation par le paiement de son loyer.

On ne trouve pas partout le même avantage ; néanmoins, à Paris on arrive encore à des résultats remarquables.

Ainsi aux Lilas j'ai vendu moyennant quinze annuités de six cents francs, une maison comprenant :

Salle à manger, cuisine, cabinets, deux chambres à coucher, privé, caves sous toute la maison, grenier, puits mitoyen. Cette maison m'avait coûté avec un jardin clos de murs de 120 mètres six mille francs. J'ai rendu service, car on ne louerait pas aux Lilas une maison analogue à moins de 500 francs par an; de plus j'ai doublé la valeur des terrains de mes voisins.

2° L'acquéreur profite de la plus-value acquise chaque année par les immeubles, plus-value certaine. En effet les maisons vendues ainsi sont faites ordinairement par des sociétés qui disposent de grands capitaux et des services d'hommes capables ; or, comme elles se contentent de légers bénéfices, l'ouvrier achète son habitation à un prix bien moindre que celui qu'il aurait dépensé pour l'établir lui-même.

Ainsi, à Mulhouse, les premières maisons, vendues 2,500 fr. ont été revendues six mille francs par leurs premiers acquéreurs, et les avantages présentés par l'acquisition de ces immeubles ont été tellement appréciés qu'il a fallu prendre des précautions pour empêcher les spéculateurs d'acheter les logements destinés aux travailleurs.

3° Tant que l'acquéreur doit, il peut placer son argent à un taux très élevé.

Ainsi chaque fois qu'un de mes acquéreurs des Lilas me payait un à-compte, je diminuais immédiatement de l'annuité une valeur égale à dix pour cent de la somme payée par anticipation.

Donc chaque versement était équivalent au placement de sa valeur à dix pour cent l'an, capitalisé tous les trois mois, puisque l'on paie les annuités par quarts et aux quatre termes ordinaires de l'année, tandis que les valeurs sûres et les sommes placées à la caisse d'épargne rapportent de 3 à 4 1/2 0/0.

4° Le locataire certain de devenir propriétaire de sa maison en prend soin ; il l'améliore soit seul, soit avec l'aide de ses camarades.

J'ai vu Villa des Rigoles, une cave creusée par un propriétaire qui ne disposait que de ses dimanches.

Un autre, Villa Jouffroy, à Clichy, a transformé pendant ses moments perdus son grenier en chambre à coucher.

5° Au point de vue moral, l'homme est modifié ; une fois propriétaire il se plaît à embellir son chez soi ; il prend plaisir à le rendre commode ; il s'habitue à passer ses heures libres au milieu de sa famille et il ne perd plus sa santé, son temps et son argent au cabaret.

Enfin, quand une société fait plusieurs maisons à la fois, et qu'elle a une certaine influence sur ses acquéreurs, elle peut leur faire réaliser d'importantes économies sur l'acquisition des choses nécessaires à la vie. Nous avons reconnu, dans une enquête faite par M. Muller et moi, et portant sur mille logements d'ouvriers, que bien des familles de travailleurs parisiens paieraient une maison par annuités avec les économies qu'elles pourraient faire sur l'achat des choses nécessaires à la vie.

Elle peut placer la famille de l'ouvrier au milieu d'un air pur, et mettre le travailleur à proximité de son chantier en prenant des arrangements avec les compagnies de transports.

Le chemin de fer de Vincennes a créé des trains spéciaux dits *trains des ministres*, pour transporter à Paris les nombreux ouvriers propriétaires de maisons situées entre Vincennes et la Varenne Saint-Hilaire.

Nous croyons qu'on arrivera à faire mieux, en transportant sur leurs chantiers à l'aide de voitures spéciales les ouvriers avec leurs outils, comme le font les grandes maisons de nouveautés pour leurs employés.

Nous ne voyons d'objection sérieuse à l'idée de rendre l'ouvrier propriétaire d'une maison, que celle qui provient de nos lois de succession. Il est triste, en effet, de voir une famille exposée à perdre tout ou partie de ses épargnes, à la suite d'une licitation judiciaire provoquée par un décès.

Nous espérons que cette cause n'aura plus d'influence en France quand on saura y mobiliser la propriété, comme on le fait en Angleterre, par l'intermédiaire des building sociétés, et en Allemagne par les banques hypothécaires. Dans bien des cas on neutralise les effets de la mort d'un ouvrier qui devait devenir propriétaire par le paiement d'annuités. Ainsi à Mulhouse, quand un acquéreur mourait, on remboursait à ses héritiers le montant de ses versements. Dans d'autres sociétés on assurait l'acquéreur sur la vie et on donnait aux héritiers le droit d'opter entre le choix d'une maison et celui d'une somme d'argent équivalente à sa valeur. Malheureusement le taux de l'assurance sur la vie est trop élevé pour que les ouvriers y aient recours.

La mort de l'acquéreur n'a pas en pratique des suites aussi graves qu'on le croit généralement.

Quand un petit propriétaire meurt en laissant plusieurs enfants, l'un d'eux peut emprunter sur la maison et indemniser les intéressés.

En général les maisons d'ouvriers faites en grand nombre dans des quartiers déserts acquièrent une plus-value certaine au bout de fort peu de temps, c'est pourquoi, en cas de mort du propriétaire d'une telle habitation, ses héritiers trouvent toujours quelqu'un pour se mettre en lieu et place du défunt et rembourser les avances faites par lui.

En résumé, chaque fois que des maisons seront louées de façon à rapporter 5 pour 0/0 net à leur propriétaire, les locataires auront intérêt à en faire l'acquisition par annuités.

L'expérience a du reste confirmé cette théorie.

Malheureusement la maison isolée ne peut se construire partout, et dans Paris il est bien difficile d'en établir par suite :

1° Du prix du terrain et de la voirie ;

2° De l'établissement d'une fosse suivant les réglements de police ;

3° De la fourniture d'eaux potables ;

4° De l'écoulement des eaux ménagères ;

5° Du prix du balayage.

Le prix du terrain est très élevé à Paris, mais il ne l'est pas assez cependant pour qu'il n'y ait pas avantage à bâtir des maisons à rez de chaussée.

Ainsi je fais des maisons à rez de chaussée, comprenant 3 pièces avec cuisine, qui reviennent à 3.600 fr. tandis que des logements dans des maisons à étage, contenant le même nombre de pièces, coûtent six mille francs.

Aujourd'hui le prix du mètre d'une maison à étages coûte plus de cent francs.

Le prix du mètre d'une maison à rez de chaussée n'atteint pas, dans la plupart des cas, le prix de 80 fr.; donc il y aura avantage à construire des maisons à rez de chaussée, tant que le prix du terrain ne dépassera pas 20 francs du mètre. Quand le terrain est remblayé on ne peut construire des maisons à étages sans chercher le bon sol ; il faut dans ce cas faire de grands travaux de fondation, ce qui élève sensiblement le prix de la construction

Tous les réglements de ville et de police sont faits pour empêcher la construction de maisons isolées dans Paris.

Les rues coûtent cher, le pavage de la chaussée, la confection des trottoirs, l'établissement de l'égout qui traverse la chaussée portent le prix du mètre linéaire d'une propriété en bordure sur une voie publique à 150 francs.

En outre le balayage coûte annuellement de 40 à 50 centimes le mètre superficiel ; donc quand une voie a 12 mètres de large, comme il faut payer le balayage de la moitié de la surface de la rue, la charge annuelle résultant de ce fait seulement est de 2,40 à 3 francs, soit un capital de 48 à 60 francs par mètre linéaire.

L'établissement de maisons isolées est encore possible dans plusieurs quartiers de Paris où l'on trouve des matériaux de construction. Dans ce cas on achète de grands terrains, on en extrait les matériaux, on les remblaye et on construit des maisons à rez de chaussée.

On peut aussi dans ce cas, faire des maisons à étages, en ayant soin de conserver des piliers en nombre suffisant, pour bien asseoir les fondations.

La distance du lieu de travail est souvent un obstacle, mais on peut y remédier comme nous l'avons dit plus haut.

Néanmoins, dans la plupart des cas, il ne sera pas possible de faire à Paris des maisons isolées, et il faudra se résoudre à construire des maisons à étages, ou améliorer les logements qui se trouvent dans les habitations actuelles.

Les maisons à étages ne sont pas aussi malsaines qu'on pourrait le croire.

A Londres, dans les maisons de l'Association métropolitaine, la mortalité est descendue à seize pour mille.

Les logements sont composés de trois pièces et d'une cuisine. Le père de famille rentre chez lui se reposer; les escaliers sont proprement tenus, ils sont généralement en matériaux incombustibles, les privés sont dans l'intérieur des maisons; le revenu de ces maisons varie entre 3 et 6 0/0.

Les maisons à étages peuvent être aménagées de façon à permettre à l'ouvrier de faire des économies.

M. Defuisseaux, de Bruxelles, acheta une maison louée à raison de 10 0/0 du prix déboursé; il annonça à ses locataires qu'il prélèverait sur le revenu brut une somme suffisante pour payer l'intérêt et l'amortissement de son capital, puis qu'il distribuerait le reste au prorata de la valeur des loyers.

Cette méthode a obtenu un certain succès à Bruxelles. A Paris, elle n'est guère praticable, parce que les maisons d'ouvriers convenablement établies ne rapportent pas 5 0/0 net.

Quelque temps après la guerre, on pouvait acheter des immeubles à très bon compte; aujourd'hui on achète encore des maisons d'ouvriers et on en construit même qui rapportent 10 0/0. Mais les logements sont insuffisants et ce n'est qu'aux dépens de la santé de l'ouvrier qu'on réalise de beaux bénéfices.

Pour retirer un intérêt rémunérateur d'une maison à étages destinée à loger des ouvriers, il faut imiter l'exemple donné par M. Godin dans son familistère à Guise; compter tout au plus sur 3 0/0 du prix de construction et retirer une somme égale des ventes faites aux locataires des choses nécessaires aux besoins de la vie.

Des journalistes et des économistes prétendent que l'ouvrier n'aime pas à être caserné.

Nous ne pensons pas que l'ouvrier déteste autant qu'on le croit la cité ouvrière.

Je possède une maison qui a été construite en 1848 pour loger cent ménages; jamais il n'y a de vacances. Cette maison rapporte vingt-cinq mille francs chaque année, et je perds à peine de trois à cinq cents francs par an par suite des non-valeurs ou de mauvais locataires; il est vrai que mes logements ne sont pas loués cher, et mes locataires craignent d'être renvoyés quand ils ne se conduisent pas bien.

M. de Madre loge sept mille personnes environ, et je ne crois pas qu'il perde beaucoup plus que moi.

Le propriétaire d'une maison à étages modèle pourrait rendre de grands services à ses locataires, car il est dans le cas d'un industriel qui loge ses ouvriers; mais, pour cela, il faudrait qu'il loue ses immeubles de façon à ne retirer que 3 0/0 de ses déboursés. Dans ces conditions, les logements seraient convenables et les locataires tiendraient à y rester.

En faisant intervenir la spéculation dans la construction d'habitations ouvrières, on pourrait retirer 5 0/0 des capitaux employés. Pour y arriver on utiliserait les rez-de-chaussée et les cours pour y installer des magasins où l'on vendrait en détail, au prix du gros, les choses nécessaires à la vie.

Dans un autre ordre d'idées, les rez-de-chaussée et les cours pourraient être employés à faire des ateliers où l'on distribuerait de la force motrice;

Des bazars où les petits fabricants déposeraient leurs produits manufacturiers;

Des crèches, des salles d'asile, des cercles d'ouvriers, etc.

SECONDE PARTIE

Aujourd'hui, il est facile de construire une maison d'ouvriers, saine, commode et économique ; mais il est beaucoup moins aisé de trouver les fonds nécessaires pour établir les logements nécessaires aux classes laborieuses de Paris.

A Paris, en effet, il existe près de soixante-dix mille familles d'ouvriers, composées de plus de quatre personnes, qui, pour être logées suivant les lois de la morale et les règles de l'hygiène, auraient besoin d'autant de logements composés de trois pièces et cuisine.

Or, sur plusieurs milliers de logements que nous avons visités, il en existe très peu qui soient convenables ; nous croyons, d'après nos recherches, qu'il faudrait construire près de cent mille chambres pour bien loger les travailleurs parisiens.

Ces cent mille chambres, à douze cents francs l'une, coûteraient cent vingt millions.

Il ne serait pas nécessaire de dépenser cette somme ; il suffirait de fonder en France des sociétés prêtant sur hypothèque, comme en Angleterre, les trois quarts de la valeur de la maison à construire, ce qui réduirait à trente millions l'avance première. En outre, nous pensons qu'il resterait bien peu à faire si l'on construisait pour trente millions d'habitations ouvrières, car le prix d'un logement convenable étant de cinq mille francs, l'emploi de cette somme permettrait d'en mettre six mille à la disposition des ouvriers.

Ce grand nombre de logements déterminerait les propriétaires à améliorer leurs immeubles pour retenir les bons locataires.

Pour trouver ces trente millions, on ne peut s'adresser à l'industrie, par suite du prix élevé de la construction à Paris, car un logement de trois pièces et cuisine revient à cinq mille francs.

Pour retirer 5 0/0 net d'un logement d'ouvrier, il faut le louer à raison de 8 0/0 brut du prix de revient, ce qui portera le loyer d'une pareille habitation à quatre cents francs.

Les ouvriers paieront rarement quatre cents francs de loyer; ils préféreront s'entasser dans de petites pièces.

Tant que leur salaire ne sera pas augmenté, il sera nécessaire de recourir à tous les moyens possibles pour déterminer les constructeurs à édifier des habitations pour l'ouvrier.

Pour arriver à ce résultat, nous chercherons ce que pourraient faire :

L'État, les villes, les Corps constitués, les Chambres, et les particuliers.

ACTION DE L'ÉTAT

L'État peut intervenir : Pécuniairement, législativement, moralement.

Nous étudierons son action sous ces trois points de vue.

ACTION DE L'ÉTAT AU POINT DE VUE PÉCUNIAIRE

En Angleterre, l'État a mis à la disposition des constructeurs d'habitations ouvrières une somme de trente millions de francs devant rapporter 3 0/0 d'intérêts, et remboursables dans un délai de trente ans au plus.

J'ai fait quatre pétitions pour demander à l'État d'agir au point de vue pécuniaire.

L'une a été adressée à Monsieur le Président de la République ;

Deux autres à Messieurs les Ministres de l'Intérieur et des Finances ;

Et la quatrième, au Président de la Chambre des Députés.

Ces quatre pétitions ont été remises à leur adresse par l'intermédiaire de M. Turquet, sous-secrétaire d'État au Ministère des Beaux-Arts.

Je demandais, dans ces pétitions, qu'il fût accordé aux constructeurs sérieux :

Soit une subvention de deux mille francs par logement complet d'ouvriers ;

Soit quatre mille francs, à titre de prêt, pour chaque maison, au taux de trois pour cent par an, ladite somme remboursable en trente années.

Dans le cas où le Gouvernement aurait jugé utile de satisfaire à ma demande, l'industrie aurait pu s'occuper de la construction de logements d'ouvriers, car elle aurait retiré cinq pour cent d'intérêts des fonds employés à cet effet, et les ouvriers auraient pu devenir propriétaires de leurs maisons par le paiement de leur loyer pendant quinze ans.

En effet, dans les circonstances ordinaires, on peut obtenir un logement d'ouvriers pour six mille francs, dans le cas où l'État donnerait une subvention de deux mille francs au constructeur ; ce dernier pourrait le louer moyennant 4,000 fr. $\times$ 8 = 320 fr., ou le vendre moyennant une somme de 4,000 fr. payés comptant.

Dans le cas où le locataire paierait 4,000 francs au lieu de 320, il suffirait d'effectuer ce versement pendant quinze ans pour faire rentrer le constructeur dans ses déboursés.

Dans le cas où le propriétaire obtiendrait un prêt de quatre mille francs par chaque logement ouvrier, ce prêt étant remboursable en trente ans, la maison pourrait être vendue moyennant une annuité dont la valeur serait composée :

1° De 10 0/0 de la valeur du capital déboursé par le propriétaire, soit   200 fr.

2° De 5 0/0 de la valeur du prêt fait par l'État, soit.   200

TOTAL. . . . .   400 fr.

Au bout de quinze ans, le locataire ne devrait plus à l'État
que le paiement d'une annuité de deux cents francs pendant
quinze ans, et par suite il pourrait se libérer définitivement
bien plus tôt.

Je suis ennemi de l'intervention de l'État dans toutes les
opérations qui peuvent rapporter un bénéfice certain ; mais,
dans le cas qui nous occupe, elle est nécessaire, car les résultats provenant du mauvais état des logements d'ouvriers deviendront de plus en plus déplorables, si on n'y porte remède
le plus tôt possible.

Enfin, les pernicieux effets des logements insalubres ne peuvent être prévenus par une loi.

L'État peut bien obliger les constructeurs à faire des maisons saines et solides ; mais il n'a aucunement le pouvoir de
forcer les propriétaires à louer leurs immeubles avec perte.
D'un autre côté, l'argent dépensé par l'État en constructions
peut être regardé comme une dépense d'utilité publique très
productive, puisque les immeubles sont une des sources les
plus abondantes des revenus publics.

Un constructeur ne peut arriver à établir des logements convenables avec un petit capital.

Il n'en est plus de même pour celui qui dispose de grands
capitaux, car en achetant de vastes terrains et en faisant un
grand nombre de maisons à la fois, il réalisera des économies
importantes sur le prix de revient des maisons.

Seulement, comme les belles maisons rapportent plus que
les petites, et que les immeubles coûtent aussi cher d'établissement sur un terrain placé dans les quartiers riches, l'in-

dustrie ne s'occupera pas de procurer des maisons aux ouvriers.

Nous avons vu que le gouvernement impérial avait donné dix millions pour être consacrés à l'amélioration des habitations ouvrières ;

Le gouvernement républicain pourrait bien faire le même sacrifice en profitant des résultats acquis.

Dans le cas où il accorderait une subvention, cet argent ne serait pas perdu.

Les ouvriers habiteraient des logements composés d'un plus grand nombre de chambres, et la construction de ces chambres ferait bientôt rentrer dans les Caisses de l'État ses avances par le rendement des impôts.

De plus, l'argent fourni pour améliorer les habitations ouvrières diminuerait de beaucoup les sommes consacrées à guérir les malades dans les hôpitaux, à nourrir les voleurs dans les prisons, et il éviterait au pays les pertes immenses causées par les maladies des producteurs et les soins nécessaires pour les guérir.

Le gouvernement actuel n'aime pas beaucoup gaspiller l'argent des contribuables ; mais il pourrait consentir des prêts à raison de 3 0/0 l'an aux constructeurs d'habitations ouvrières. L'argent pourrait être obtenu par l'émission d'obligations garanties par les créances fournies par les propriétaires.

L'État se ferait payer les intérêts par les propriétaires en même temps que les impôts.

Donc, en mettant trente millions à la disposition des constructeurs sérieux d'habitations ouvrières, l'État ferait un sacrifice minime, il produirait beaucoup de bien sans courir aucune chance de perte et il créerait une source constante de revenus pour l'avenir.

Avant de passer à l'étude de l'action législative de l'État, étudions l'effet de la donation des 10 millions pour l'amélioration des habitations ouvrières.

ÉTUDE DES RÉSUTTATS OBTENUS PAR L'AFFECTATION DE DIX
MILLIONS A L'AMÉLIORATION DES HABITATIONS OUVRIÈKES

L'annonce de la distribution de ces 10 millions a produit un bien immense.

De toutes les parties de la France on envoya au ministère de l'Intérieur un grand nombre de projets qui avaient pour but d'améliorer les logements d'ouvriers.

Plusieurs n'étaient pas étudiós, d'autres reposaient sur la loterie, beaucoup avaient en vue la spéculation, mais tous furent examinés avec soin.

Les constructeurs acceptant les conditions de l'administration reçurent des subventions.

Nous donnons les plans des maisons à étages de MM. Puteaux, Cousin, Cazaux, Camille, Ponthieu, Pereire, Rozier, qui obtinrent à titre de subvention un tiers du prix de revient de leurs immeubles.

Dans toutes les maisons subventionnées les logements sont composés de 2 pièces et d'une cuisine.

Beaucoup d'entre eux occupent une superficie de 27 mètres, reconnue suffisante par le Conseil d'hygiène de cette époque, pour loger une famille composée des parents et de plusieurs enfants, et se louent à raison de 7,50 à 8 francs le mètre superficiel.

Nous croyons qu'il faudrait adopter dans un logement modèle d'ouvriers :

Une chambre commune ;

Deux Chambres à coucher pour séparer les sexes pendant la nuit ;

Une cuisine, des privés et des dépendances.

M. Ponthieu avait fait un premier projet dans lequel il avait divisé ses maisons en logements de trois pièces et cuisine.

Ce projet fut modifié et la maison subventionnée fut distribuée en logements de deux pièces et d'une cuisine. Pour donner une idée du soin avec lequel la distribution des subventions fut conduite nous donnons copie :

D'un traité passé avec l'État et un constructeur de maisons,

Et du cahier des charges relatif à la construction d'une maison.

MINISTÈRE DE L'INTÉRIEUR

1er mars 1854. — Traité entre le ministre de l'intérieur et M. X..., relatif à la construction d'habitations ouvrières

L'an mil huit cent cinquante quatre et le premier mars.

Entre le Ministre de l'Intérieur,

Agissant au nom de l'État et M. X...

Il a été convenu ce qui suit :

ARTICLE 1er. — M. X.... s'engage à faire construire, sur un terrain situé à Paris, conformément aux plans et devis signés par M. X..., architecte et joints à la présente convention, une série de cent dix maisons destinées aux logements d'ouvriers.

ARTICLE 2. — La dépense générale est évaluée à 730,400 fr.

Savoir :

Prix du terrain 14.300 mètres à raison de 15 francs le mètre carré	214,500. »
Construction de cent dix maisons à raison de 4,235 fr. 50 l'une	465,900. »
Etablissement de la rue, trottoirs, conduite d'eau, frais généraux	50,000. »
Total	730,400. »

ARTICLE 3. — Les travaux seront soumis à la surveillance de l'administration. Cette surveillance aura pour objet d'assurer l'exacte exécution des plans approuvés.

Aucune modification ne pourra être faite à ces plans sans l'autorisation du ministre.

ARTICLE 4. — La construction des bâtiments qui font l'objet de la présente convention devra être terminée le

ARTICLE 5. — Le prix de location de chaque maison est fixé à raison de un franc par jour.

Dans le cas ou le preneur désirerait devenir propriétaire, il devra ajouter à son prix de loyer cinquante centimes par jour *pendant quinze années consécutives.*

ARTICLE 6. — Moyennant l'exécution des conditions qui précèdent, le Ministre de l'Intérieur accorde à M. X., sur le crédit de dix millions ouvert par le décret de 1852, une subvention égale au tiers de la dépense, soit, 243,433 »

ARTICLE 7. — Le montant de la subvention fera l'objet de trois paiements égaux et successifs qui seront délivrés suivant le degré d'avancement des travaux, savoir :

Le premier paiement lorsqu'il sera justifié par certificat de l'architecte que le tiers de la somme de 730,400 francs, établie au devis aura été employé ou lorsque 35 maisons seront bâties

Le deuxième paiement lorsque l'emploi des deux tiers de la somme de 730,400 francs sera justifié ou lorsque 35 autres maisons soit 70 seront bâties.

Le troisième paiement complémentaire après l'entier achèvement et la réception des travaux.

ARTICLE 8. — Si les travaux ne sont pas terminés dans les délais fixés par l'article 4, ou si les diverses obligations contractées par M. X....., ne sont pas remplies, l'engagement de l'Etat relatif à la subvention sus-énoncée sera suspendu de plein droit, sans qu'il y ait lieu à aucune mise en demeure ni notification quelconque.

ARTICLE 9. — Les bâtiments qui font l'objet de la présente convention ne pourront recevoir une autre destination sans autorisation du ministre.

ARTICLE 10. — Dans le cas ou les dits bâtiments seraient vendus avec changement de destination, l'Etat prendra dans le prix de la vente une part proportionnelle à la subvention qu'il aura fournie, mais toutefois aucun prélèvement ne pourra être fait par lui avant le paiement des affectations hypothécaires qui auraient été consenties par M. X... sur les dits immeubles jusqu'à concurrence de la moitié de la totalité des dépenses.

ARTICLE 11. — M. X... devra transmettre tous les six mois au ministre de l'intérieur un état de situation de ses opérations.

ARTICLE 12. — Les droits d'enregistrement et de timbre auxquels le présent traité pourra donner lieu sont à la charge de M. X.

Approuvant l'écriture ci-dessus, signé,

Le ministre.

CAHIER DES CHARGES RELATIF AUX LOGEMENTS D'OUVRIERS DU BOULEVARD MAZAS

Ces maisons, d'une profondeur uniforme de neuf mètres, sont élevées sur caves de rez-de-chaussée, premier, deuxième troisième et quatrième étages.

Ces étages, destinés au logement des ouvriers en garnis, seront distribués en chambres ou en cabinets.

Le rez-de-chaussée contiendra, outre l'habitation du logeur ou portier, de grandes pièces pouvant servir d'ateliers ou magasins.

DÉSIGNATION DES TRAVAUX

Maçonnerie. — Les caves seront construites en moëllon hourdé en mortier, de chacun avec piles en roche, sur fondation en beton, s'il y a lieu, les parements et voûtés seront en moëllon smillé et jointoyé. Les fosses prises dans la hauteur des caves seront construites avec contre-murs, voûtées en meulière et enduites en ciment romain ; elles seront munies de châssis et de tampons en pierre, l'escalier de cave sera en pierre, le sol battu en salpêtre.

Les murs en élévation seront construits en moëllon et plâtre avec chaînes en pierre de roche aux angles et points d'appui principaux, dans la hauteur du rez-de-chaussée. Les seuils, appuis, première marche d'escalier, les dés ou parpaings nécessaires seront aussi en roches.

Les cloisons seront en carreaux de plâtre enduites des deux faces, ou en briques de champ jointoyés.

Le sol sera carrelé à tous les étages ; celui de la cour sera pavé.

Les trottoirs au pourtour de la maison seront exécutés avec les dimensions et matériaux prescrits.

Charpente. — Les planches seront composées de remplissages portant des filets avec lambourdes, soulagés par des colonnes en fonte ou pans de bois ; ces planches, les pans de bois, comble et linteaux seront en chêne.

Les escaliers seront aussi en chêne.

Couverture. — La couverture sera en ardoises sur volige ou en tuiles sur lattes avec noues et gouttières en zinc ; les descentes seront aussi en zinc, sauf dans la hauteur du rez-de-chaussée où elles seront en fonte avec dauphins.

Plomberie. — Les cabinets d'aisances seront installés, les uns avec des cuvettes garnies de sièges en bois, les autres avec des dalles percées à la turque ; les tuyaux de chûte seront en fonte avec les ventilations nécessaires.

Les eaux seront conduites au de moyen tuyaux en plomb, savoir : au rez-de-chaussée à des bornes fontaines situées dans la cour, et dans les étages sur les paliers pour faciliter le nettoyage.

Le gaz sera également introduit dans la maison pour l'éclairage des cours, vestibules, escaliers et corridors.

MENUISERIE. — Les contrevents du rez-de-chaussée, les croisées et huisseries seront en chêne ; les portes seront en chêne avec panneaux en sapin. Les plinthes là où il sera nécessaire seront en sapin.

SERRURERIE. — Il sera établi deux cours de chaînes dans la construction des murs ; les planchers seront supportés par des colonnes en fonte et munis de tirans, ancres, harpons, étriers et boulons.

Les rampes d'escaliers seront avec barreaux ronds à pattes et plate-bandes.

Les portes et les croisées seront munies de ferrures et fermetures nécessaires.

PEINTURE, TENTURE ET VITRERIE

Les portes, croisées et autres menuiseries, les vestibules, escaliers et couloirs seront peints à l'huile, trois couches.

Les murs et cloisons des chambres seront badigeonnés avec frises à l'huile.

Les cabinets seront revêtus de peinture ou de papiers de tenture.

Les plafonds seront à la colle.

Les murs extérieurs seront badigeonnés.

La vitrerie sera en verre ordinaire.

Signé : Architecte, 28 juin 1853.

Grâce à ce sconditions, le propriétaire n'obtenait que de 5 à 6 0/0 d'intérêt du prix de revient de ses maisons.

Tandis que le propriétaire de logements d'ouvriers non subventionné retirait 10 0/0.

En effet :

Il construisait plus légèrement ;

Il employait des matériaux de démolition ; il réduisait au minimum la superficie des pièces ;

Et il tirait meilleur partie de ses rez-de-chaussée en les louant comme boutiques.

Nous croyons qu'à ce moment l'État aurait dû provoquer l'établissement de logements de trois pièces et d'une cuisine.

Il aurait pu obtenir ce résultat en obligeant les propriétaires à diviser leurs immeubles en nombre égal de logements de deux pièces avec cuisine et de trois pièces avec cuisine, proportion qui existe entre les familles composées de moins de quatre personnes et celles qui en comptent davantage, et en fixant les prix de location par mètre à 9 francs pour les logements de deux pièces et cuisine, et 7 francs par mètre de logement de trois pièces avec cuisine.

Aujourd'hui, les logements de trois pièces avec cuisine reviennent à un prix inabordable pour les ouvriers ; ils habitent, par suite, des logements trop restreints. Il en résulte une mortalité effrayante parmi les locataires de nos maisons d'ouvriers, et nous y remarquons tous les inconvénients de l'encombrement que nous avons énumérés plus haut.

Au point de vue moral et hygiénique, la mortalité dans Paris augmente tous les ans, et nous savons qu'on la diminue beaucoup en améliorant les logements.

Nous avons à Paris un comité d'hygiène et une commission des logements insalubres munis de pouvoirs assez étendus ; mais il leur est impossible de faire exécuter leurs règlements ou ordonnances par suite du manque de logements convenables, et pour la même cause nos médecins ne peuvent effectuer le traitement des malades à domicile, traitement reconnu le meilleur au point de vue moral et hygiénique.

La cause de cet état de chose provient du prix élevé des constructions dans Paris.

En effet, le mètre carré de maison à étage revient aujourd'hui à 120 francs environ, en admettant quarante mètres de superficie comme limite *minimum* de la surface d'un logement de trois pièces et d'une cuisine.

Le prix de revient de ce logement serait de 5,000 francs et son prix de location de 400 francs, somme supérieure à celle que paie un ouvrier pour son loyer, surtout quand cet ouvrier est chargé de famille, car plus un ouvrier a d'enfants, moins il peut consacrer d'argent à son loyer.

L'argent employé en province a produit de meilleurs résultats qu'à Paris. Ainsi les trois cent mille francs donnés à la Société des cités ouvrières de Mulhouse ont donné lieu, comme nous l'avons vu, à la construction de onze cents maisons d'ouvriers.

Etudions le rapport qui a été fait au Ministère de l'Intérieur par l'Inspecteur chargé de vérifier les subventions allouées.

CITÉ OUVRIÈRE DE MULHOUSE

Par un traité en date du 15 octobre 1853, la Société s'est engagée à faire trois cents maisons et à les louer chacune à 8 0/0 du prix de revient, soit de 148 à 172 francs par maison.

L'Etat a accordé cent cinquante mille francs sur quatre cent cinquante mille francs.

La Société a établi des groupes de quatre maisons et des maisons contiguës et en ligne.

Cent maisons ont été construites.

Divers travaux d'utilité publique ont été menés à bonne fin.

Le 18 mai 1854, une nouvelle subvention a été accordée et de nouvelles maisons furent construites.

Le prix de revient de ces maisons varie entre 1,850 francs et 2,150 francs.

Les maisons de première classe comprenaient au rez-de-chaussée cellier, chambre avec alcôve. Elles coûtaient avec trois chambres à l'étage 2,500 francs, et avec caves sous toute la maison 2,800 francs.

Ces maisons étaient trop grandes. La sous-location étant interdite, on remarque souvent des vacances. On élude fréquemment cette clause. Ainsi, dans cent quatre-vingt-six maisons il y a mille habitants, et il ne devrait y avoir que sept cent trente-cinq locataires. Mais cinquante ménage de cinq personnes ont sous-loué malgré la défense qui a été faite, et l'administration ne dira rien tant qu'il n'y aura pas abus.

On a remarqué que les maisons exposées au midi se vendent beaucoup mieux que celles qui sont exposées au nord.

D'après les règlements, les maisons sont vendues aux personnes munies de leurs livrets, qui constatent qu'elles travaillent dans des fabriques.

Le règlement est assez sévère.

Les acquéreurs s'engagent :

A ne pas revendre sans l'autorisation de la Société, qui se réserve le droit d'agréer les sous-acquéreurs.

Cette mesure a été prise pour empêcher les spéculateurs d'acheter des maisons et pour empêcher de sous-louer à des personnes dont l'inconduite était notoire, etc.

A maintenir la propriété dans son état au moment de la vente ; à cultiver le jardin, à ne pas bâtir, si ce n'est un hangar adossé au pignon et construit d'après les plans de l'architecte.

A conserver les murs blancs, les volets verts, les portes couleur chêne.

A veiller à la conservation des palissades des jardins et des plantations d'arbres, tilleuls.

Ces diverses clauses ont été prescrites pour conserver à la cité son aspect.

A ne pas sous-louer à des ménages, pour éviter une trop grande agglomération dans les maisons.

Les pensionnaires célibataires peuvent seuls être admis comme locataires.

Nous ferons remarquer ici que l'introduction du célibataire dans les ménages est une cause de troubles.

Le règlement prescrit aussi de faire vider les tonneaux d'aisances, de balayer le ruisseau longeant le trottoir, de faire ramoner les cheminées, etc.

Toutes ces conditions sont énumérées dans les actes de location ou de vente.

Un règlement-affiche aurait l'inconvénient de paraître placer les habitants en dehors du droit commun municipal.

Le règlement est généralement bien observé.

La ville a contribué aux frais d'installation des appareils, et elle a pris l'éclairage des rues de la cité à sa charge.

Malgré tous ces avantages, les ouvriers ont montré une certaine hésitation à se loger dans les maisons.

Les uns ne croyaient pas aux promesses de la Société ;

Les autres redoutaient une surveillance gênante ; mais cette hésitation dura peu.

Un almanach pour 1855, tiré à trois mille exemplaires, contenant un dialogue entre un ouvrier et un habitant de la cité, a beaucoup contribué à faire habiter les maisons.

Les administrateurs s'occupèrent beaucoup de leurs acquéreurs.

Selon les circonstances, ils eurent égard pour la fixation du prix, à la pauvreté, à la moralité des personnes.

Pour encourager les habitants à ne pas se loger à l'étroit, ils firent des diminutions aux locataires qui s'engageaient à ne pas sous-louer.

Les ouvriers qui n'ont pas d'économies ne peuvent acheter de maison et participer ainsi aux avantages de la cité.

La cité contribua à améliorer l'état des logements d'ouvriers à Mulhouse, qui, mauvais et insuffisants, étaient payés de 10 à 16 francs par mois.

Ainsi, dans une caserne qui renfermait quarante-six ménages, soit plus de trois cents personnes, on remarquait une famille de treize personnes dont les membres couchaient dans une seule pièce : le père, la mère, sept enfants et deux pensionnaires.

Cette famille payait plus de 100 francs par an. Elle a été recueillie dans la cité et elle paie son loyer.

Disons, en passant, que, pour remédier à cet état de choses, M. Jean Dollfus a pris la maison en principale location ; il améliora les logements et les loua à vingt-cinq ménages.

Beaucoup de projets n'ont pas été mis à exécution. Ainsi, M. Emmanuel Martin présenta un projet de cité fait par M. Emile Muller, architecte des cités ouvrières de Mulhouse, et obtint une subvention ; mais, pendant le cours des travaux, il préféra renoncer à l'avantage de la subvention et construire à sa guise.

M. Carabin eut également l'idée d'établir cent quatre-vingts maisons isolées dans la plaine de Grenelle ; ses plans furent approuvés, mais il ne donna pas suite à son entreprise, et il préféra construire des maisons à l'usage de personnes aisées.

En 1858, MM. Puteaux ont présenté à l'empereur une série de plans de maisons coûtant de deux à quatre mille francs et au-dessus.

Les unes divisées *en logements d'ouvriers*.

Les autres en appartements de trois cents à huit cents francs de loyer par an.

Ces maisons, construites en bons matériaux, devaient rapporter un intérêt de 7 à 8 0/0 au minimum, tout en rendant un immense service à la population parisienne, obligée, par les travaux d'embellissement de Paris, de s'entasser dans des logements trop étroits.

Pour exciter davantage la spéculation à construire des maisons, MM. Puteaux demandaient la suppression d'impôts fonciers pendant vingt ans pour quiconque bâtirait des maisons destinées soit à des habitations d'ouvriers, soit à des ateliers de 100 à 150 francs de loyer, soit enfin à des appartements de 300 à 800 francs.

Pour faciliter la perception des loyers, MM. Puteaux demandaient aussi le paiement mensuel des loyers, de façon à le faire concorder avec la paie des ouvriers.

Comme il est dit plus haut, MM. Puteaux présentèrent un dernier projet de quatorze villages reliés par un boulevard, ayant pour but de peupler la zône de terrains comprise entre les fortifications et les maisons de Paris.

Ces terrains, d'une superficie de quinze cent mille mètres, devaient être achetés au prix moyen de trois francs le mètre, pour être utilisés de la manière suivante :

Cinq cent mille mètres devaient être affectés à la création de belles rues et de places publiques.

Cinq cent mille mètres devaient être vendus au commerce, à l'industrie et à des particuliers pour habitations bourgeoises.

Et enfin les cinq cent mille mètres restants, divisés en cinq mille lots, auraient été distribués à des ouvriers s'engageant à construire chacun sa maison.

Les ouvriers auraient formé une association dont chaque membre se serait engagé à verser dix centimes par jour dans une caisse commune, soit 36 fr. par an.

Avec le premier tiers, on aurait construit des maisons qui auraient été tirées au sort.

Chaque membre aurait eu sa maison.

Ce projet fut examiné par ordre de l'empereur, et il donna lieu au rapport suivant :

RAPPORT SUR LE PROJET PUTEAUX

M. Puteaux demande un boulevard de quarante mètres de large et d'une longueur de deux mille cinq cents mètres. La surface de ce boulevard serait de un million de mètres carrés, dont le coût serait de cinq millions, en admettant 5 francs pour le prix d'achat du mètre.

Le nivellement, l'empierrement, les travaux d'art élèveront considérablement cette dépense.

MM. Puteaux demandent à relier les endroits habités par des voies dirigées sur l'intérieur de Paris.

Il nous semble que MM. Puteaux veulent consacrer trop de terrain à des maisons bourgeoises et à des édifices publics.

Leur but est d'attirer la spéculation, qui généralement refuse de faire des maisons pour ouvriers.

Au point de vue politique, et pour rendre populaire l'idée de la création de villages, on ne peut qu'approuver le mélange d'habitations bourgeoises et d'habitations ouvrières. Un village ne doit pas présenter un caractère uniforme.

Il serait aussi utile de faire, dans ces villages, l'essai de maisons pour célibataires, contenant un nombre restreint de lits et offrant aux locataires l'avantage d'un restaurant et d'une table commune.

Dès le début, il serait indispensable de construire des boutiques et logements pour les marchands d'objets de première nécessité, et de procurer aux habitants l'eau nécessaire à leur consommation.

L'administration doit se préoccuper aussi des changements que l'habitation dans les villages doit apporter dans l'existence des ouvriers ; les habitudes de l'ouvrier, de même que ses intérêts, lui font préférer l'intérieur de Paris et les abords des barrières. Les ouvriers célibataires seront sans doute ceux qu'il sera le plus difficile d'éloigner de Paris ; certaines industries exigent même dans cette ville la présence de ceux qui s'y livrent.

Il faudrait commencer par des essais, en créant trois ou quatre villages sur des terrains aussi rapprochés que possible du mur d'octroi, et dans les localités vers lesquelles la population ouvrière semble se porter de préférence.

La question importante et depuis longtemps agitée se présente, celle de savoir s'il ne serait pas utile de n'autoriser désormais la création de grandes industries qu'en dehors des murs d'enceinte de la Capitale.

S'il en était ainsi, l'ouvrier serait naturellement porté à se loger près de l'établissement qui lui donnerait du travail, et les nouveaux villages qu'il s'agit de fonder seraient promptement habités.

MOYENS PROPOSÉS PAR LA COMMISSION

L'exécution du projet Puteaux devrait être confiée à une compagnie qui obtiendrait les avantages suivants :

1° La libre disposition des terrains situés le plus avantageusement pour la spéculation ;

2° Une subvention sur le crédit de dix millions de francs, ouvert par le décret du 22 janvier 1852 ;

3° La substitution aux lieu et place de l'administration par voie d'expropriation pour cause d'utilité publique de la compagnie concessionnaire pour l'acquisition de tous les terrains compris dans le périmètre des villages à créer.

Les obligations à imposer à cette compagnie, seraient :

1° D'établir les villages dans les lieux déterminés par l'administration ;

2° De se conformer aux alignements donnés par l'administration et de construire des maisons d'ouvriers conformément à des plans et devis approuvés.

3° D'élever immédiatement un certain nombre de maisons pour les ouvriers, de les louer ou les vendre moyennant un prix déterminé.

Toutes les formalités pour la réalisation du projet pourraient être remplies sans qu'il fût nécessaire de recourir à un acte du pouvoir législatif.

Le projet de MM. Puteaux ne fut malheureusement pas

exécuté. A cette époque une société, qui aurait acheté les terrains actuellement traversés par le chemin de fer de ceinture, aurait rendu de grands services. En faisant des rues tout le long de son parcours, elle aurait réalisé de grands bénéfices pour la revente des terrains en bordure de la voie. Le long de la voie du chemin de fer de ceinture il y a aujourd'hui une foule de tronçons de rues, et, à une époque plus on moins éloignée la ville sera obligée de les réunir par une voie unique. Les terrains bordant cette voie seront vendus très cher, ce qui aura pour résultat d'empêcher les ouvriers de se fixer le long du chemin de fer de ceinture.

Le projet de M. Puteaux, a donné naissance à une idée qui consiste à reculer les fortifications jusqu'à la Seine, depuis le Point du jour jusqu'à Saint-Denis, et à utiliser les terrains de la zône pour y élever des maisons de petits rentiers et d'ouvriers.

Nous ne comprenons pas pourquoi le gouvernement maintient les fortifications de Paris pendant qu'il existe deux lignes de forts pour protéger la capitale.

MAISONS DÉMONTABLES

Un projet très intéressant a été adressé par M. Seiler, qui voulut introduire en France l'usage des maisons en bois, et utiliser des terrains considérables inoccupés en y plaçant des maisons en bois, construites d'après son système.

Après examen du projet par le conseil d'hygiène et de salubrité et *avis conforme* du conseil des bâtiments civils, l'État accorda en principe une subvention à cet industriel à la condition qu'il établirait à titre d'essai, sur un terrain fourni par la Ville de Paris, une douzaine de maisons.

M. Seiler accepta, mais la Ville de Paris, comme aujourd'hui d'ailleurs, ne voulut pas favoriser la création d'habitations ouvrières. Elle refusa de céder gratuitement son terrain.

M. Seiler l'obtint en location à raison de 1 franc par mètre et par an, mais en compensation il obtint de l'État une augmentation de sa subvention. Les 12 maisons furent élevées ; elles coûtaient 105,000 francs et l'État accorda une subvention de 28,000 francs après réception définitive des travaux par l'architecte du ministère, et après accomplissement des mesures nécessaires pour prévenir les chances d'incendie, et d'insalubrité résultant de l'emploi de matériaux en bois.

Ces maisons furent louées à 48 familles qui payèrent un loyer de 156 et de 178 francs, suivant la grandeur des logements.

De nombreuses visites faites aux maisons prouvèrent que les locataires étaient bien logés ; ils ne se ressentirent pas des inconvénients que l'on redoutait pour ce genre de construction, et après neuf mois d'habitation il n'y avait pas trace de détérioration aux papiers et aux tentures par suite d'humidité. La chaleur et le froid n'eurent pas les inconvénients que l'on craignait et, grâce à des mesures énergiques prises par le gérant qui donna congé aux locataires malpropres et peu soigneux, on ne remarqua ni vermine ni rongeurs dans les habitations.

On ne constata jamais de commencement d'incendie et les locataires ne firent qu'un reproche à ces habitations, celui d'avoir des parois trop sonores.

Les maisons se comportaient donc bien, malheureusement la Ville eût besoin de ses terrains et il fallut déplacer et replacer plusieurs fois ces constructions.

Des frais résultant du nivellement du sol, de l'établissement des ruisseaux, de l'installation des eaux, du démontage et remontage des nombreuses pièces de bois, de la mise en état des soubassements, de la réfection des peintures, du remplacement des papiers, des avaries inévitables et des transports causèrent à l'entrepreneur une perte de 40,000 francs, et il demanda à résilier son engagement.

Le Ministre décida qu'il n'y avait pas lieu de continuer la construction des maisons en bois et la résiliation fut prononcée.

L'idée des maisons transportables a été reprise par M. Petitjean.

Nous avons donné les plans d'une maison faite suivant son système dans notre ouvrage : *Les habitations ouvrières en tous pays.*

M. Lascelles de Londres, a exposé en 1878 une maison dont nous avons également donné les plans dans l'ouvrage cité plus haut, faite d'après un système qui consiste à former la carcasse de la maison avec un grillage en bois. Les murs, la toiture, les planchers sont faits avec des plaques en béton de 2 à 3 centimètres d'épaisseur que l'on visse sur la carcasse de la maison, faite avec des bois du commerce.

Les constructions démontables peuvent rendre des services à la spéculation. On peut les établir sur des terrains destinés à acquérir une plus value certaine, par suite de leur situation. Une ville s'agrandit par couches concentriques ; quand un segment de cercle reste inoccupé pour une raison ou pour une autre, il peut être avantageux de le louer ou d'y établir des habitations temporaires.

LOGEMENTS GARNIS

La question du logement des ouvriers en garni ne pouvait manquer d'être étudiée.

Les ouvriers logent ordinairement dans des chambrées qui contiennent plusieurs lits. On leur fournit une soupe le matin, et ils reviennent à l'établissement le soir.

Les conditions de salubrité sont déplorables dans la plupart de ces garnis.

Le Gouvernement résolut de subventionner les constructeurs d'hôtels meublés qui mettraient à la disposition des ouvriers des cabinets isolés munis du confortable nécessaire.

MM. Pereire présentèrent au Gouvernement le projet d'hôtels garnis pour 3,500 lits environ.

Ils obtinrent une subvention considérable représentant un tiers de la dépense.

Ils commencèrent à faire une maison, rue Boursault, comprenant deux cent quatre chambres; soixante-sept seulement furent occupées.

Le règlement était sévère. Il était défendu aux ouvriers d'y amener des femmes.

Il fallait dire son nom quand on rentrait à une certaine heure et se soumettre à une série de mesures nécessaires au bon ordre, mais qui blessèrent les locataires, car les trois quarts des cabinets restèrent inoccupés, et MM. Pereire demandèrent l'autorisation de transformer leur hôtel garni en maison à petits logements. Elle leur fut accordée.

Un hôtel garni pour ouvriers fut construit au compte de l'État boulevard Mazas, avec des fonds pris sur les dix millions destinés à améliorer les logements d'ouvriers.

Les cabinets sont très vastes ; ils sont garnis d'un mobilier composé de lit, commode, toilette.

Les draps de lits sont changés tous les quinze jours.

Chaque locataire a droit à deux serviettes.

Le loyer est fixé à cinq francs par quinzaine.

Une bibliothèque est à la disposition des locataires.

On a disposé une cuisine et une salle pour permettre aux ouvriers de prendre leurs repas dans l'établissement. Mais jusqu'à présent cette installation n'a pas été utilisée.

Nous croyons que, si cette maison était gérée par un particulier, elle rapporterait des bénéfices et pourrait servir de modèle pour des établissements analogues.

PROJET DE CITÉ INDUSTRIELLE

MM. Maurice la Chatre et l'ingénieur-architecte Henri Barthélemy ont tenté de former une société ayant pour objet l'achat du terrain du Parc Monceaux, et d'y construire trois cités industrielles de trois mille logements chacune.

Dans les maisons-ateliers, l'ouvrier est près de son travail. Les industries dont il a besoin sont à côté de lui.

On peut organiser un bazar dans la maison et y vendre les produits fabriqués par les locataires.

La cité devait être divisée en douze catégories.

Les constructions devaient être faites de façon à éviter les pertes de temps et de matières causées par les déplacements.

Les auteurs du projet assignaient vingt mètres carrés de logement à chaque ouvrier. Ce logement devait être garni de meubles. La fourniture d'eau, le chauffage, l'éclairage, incombaient également à la Société.

La cité comprenait encore des ateliers disposés pour ouvriers ne voulant pas travailler chez eux, plus une boulangerie, une boucherie, de vastes cuisines, une crèche, un asile, des écoles mutuelles et une pharmacie. Un moteur central devait distribuer la force motrice à chaque habitant de la cité.

Chaque ouvrier souscripteur devait avoir en toute propriété son logement-atelier, composé de deux chambres garnies de meubles fixes, de pendules mues par l'électricité, et pourvues d'eau et des installations nécessaires pour le chauffage et l'éclairage, etc.

Le prix de l'action était de 2,500 francs, payables par fractions de 1 franc, 2 francs, 5 francs par semaine. Aussitôt l'action libérée, il n'y avait plus de loyer à payer. L'ouvrier était propriétaire, et, avec ces facultés, il avait le moyen de doubler sa production, de réduire de moitié ses dépenses personnelles et celles de sa famille, sans augmenter ses fatigues.

Mode de fonctionnement. — Tout actionnaire fondateur devait payer contre bons signés par le directeur un, deux, cinq francs.

Les bons devaient être échangés contre un coupon d'action

de cinquante francs, et, comme la valeur de chaque logement-atelier était de deux mille cinq cents francs, il fallait cinquante coupons d'action pour les échanger contre une action.

Dans le cas où le prix d'un logement aurait dépassé 2,500 fr., l'actionnaire aurait à le compléter.

Pour ne pas lier l'ouvrier à la société, l'action pouvait être vendue ; de même, pour donner toute liberté à l'actionnaire, la société devait établir des cités industrielles dans tous les quartiers de Paris, avec des logements de diverses grandeurs, pour répondre à tous les besoins.

Le projet de la cité industrielle a été réalisé en partie par la Société des immeubles industriels du faubourg Saint-Antoine. Cette Société a construit plusieurs maisons à étages, dont les étages inférieurs sont transformés en ateliers, où l'ouvrier peut disposer, moyennant un prix minime, de la force motrice nécessaire pour faire marcher ses machines.

Les étages supérieurs sont consacrés aux logements des travailleurs.

Nous avons donné dans les habitations ouvrières en tous pays le plan de cette cité, qui a valu à la Société des immeubles industriels une médaille d'or à l'exposition de 1878.

Les résultats pécuniaires ont été peu rémunérateurs au début, par suite des funestes événements de 1870 ; mais aujourd'hui il n'en est plus de même, et nous croyons que des institutions semblables, pour lesquelles on tiendrait compte de l'expérience acquise, produiraient d'excellents résultats.

PROJET GASTEBOIS

M. Gastebois demandait l'établissement de villas ouvrières en dehors de Paris.

Là, des terrains ingrats pour la culture étaient abandonnés et restaient en friche. On remarquait beaucoup de restes d'exploitations de carrières à plâtre, de carrières de pierres, de moëllons, de cailloux et de sablonnières. Ces endroits servaient de refuge à des hommes dangereux. Il y avait donc tout avantage à les couvrir de maisons très peu coûteuses par suite de l'existence sur place des matériaux nécessaires à la construction.

Les avantages des villes ouvrières en dehors de Paris auraient été :

L'économie pour les vivres;

L'éloignement des ouvriers des cabarets.

Les jeunes ouvriers n'auraient plus eu à portée les plaisirs pernicieux de la ville, et par suite n'auraient plus fait des dépenses immodérées.

Au point de vue moral, les avantages auraient été tout aussi nombreux, car l'ouvrier pense jeune à se mettre en ménage, et quand il n'est pas surveillé, il se lie avec une femme de mauvaise vie. — Les enfants souffrent. Il n'en est pas de même au village.

Dans une villa, les ouvriers peuvent s'aider mutuellement pour faire leurs maisons.

Les travaux d'intérêt général devraient être faits par les locataires : entretien des routes, nivellements, fouilles, conduites d'eau, tuyaux pour le gaz.

Les petits fabricants de Paris qui occupent cinq à six ouvriers seraient les premiers à peupler les villas ouvrières.

M. Gastebois voulait construire à l'angle des rues des maisons à trois étages, divisées en petits logements, pour les louer à des ouvriers sans mobilier.

La commission n'a pas donné suite au projet de M. Gastebois, ainsi qu'à beaucoup d'autres, parce que le Gouvernement devait donner une subvention égale au tiers de la dépense faite pour des constructions établies d'après des plans fournis.

Aujourd'hui le projet de M. Gastebois serait encore réalisable, mais dans bien peu d'endroits. Dans les environs de Paris, les terrains sont vendus à un prix élevé ; la valeur des choses nécessaires à la vie est tellement considérable, que les ouvriers de plusieurs usines, situées en dehors de la ville, habitent en dedans des fortifications.

PROJETS REPOSANT SUR LA LOTERIE.

Beaucoup de projets étaient inexécutables, parce qu'ils étaient fondés sur la loterie interdite en France.

En Angleterre, la loterie a été une des causes principales du succès des building societies. Il faut dire que la loterie, telle qu'elle est organisée en Angleterre, est très morale. Ainsi tout membre de ces sociétés, c'est-à-dire toute personne qui s'engage à payer pendant un certain temps (20 ans au plus), une cotisation nécessaire pour acquérir une maison, peut obtenir par le sort soit un lot de terrain, soit une maison, soit une somme d'argent. Tous les membres de la société ayant droit successivement à la possession d'une valeur égale, la loterie peut rendre des services, et nous ne comprenons pas que les sociétés immobilières françaises ne donnent pas à leurs actionnaires la facilité de gagner des maisons qu'elles pourraient établir à un prix de revient bien moins élevé que les particuliers.

Beaucoup de sociétés françaises émettent aujourd'hui des valeurs à lots ; donc, il serait facile de faire approuver par l'Etat les statuts d'une société analogue aux sociétés anglaises.

Nous n'avons trouvé dans les projets envoyés à la commission que des combinaisons avantageuses pour leurs auteurs ; c'est pourquoi nous ne les développerons pas.

Nous citerons comme exemple de projets basés sur la loterie le projet Martenot.

Ce projet consistait à réunir cinq millions au moyen de bulletins de souscription de un franc chacun.

Le capital réuni devait être employé comme suit :

On devait consacrer un million à des lots ;

Un million aux frais de l'entreprise ;

Et trois millions à la construction d'habitations ouvrières.

PROJETS REPOSANT SUR LA PHILANTROPIE

Nous avons remarqué beaucoup de projets dont les auteurs essayaient de se couvrir du manteau de la philanthropie, soit pour réaliser de grands bénéfices, soit pour se faire une situation honorifique ou lucrative.

Ainsi une société proposait à l'Etat de réunir 12,500,000 fr. par l'émission de bons à un franc.

Le capital ainsi obtenu devait être employé moitié à l'établissement de maisons d'ouvriers ; l'autre moitié devait être placée en rentes rapportant 6 0/0 l'an.

Les bâtiments devaient être loués à raison de 3 0/0 du prix de revient, et le produit des loyers, ainsi que celui des rentes, devaient être affectés au prélèvement, par annuités, de la somme nécessaire à l'amortissement du capital-actions ; à la délivrance de une ou plusieurs primes, qui devaient être la conséquence d'un tirage semestriel ; à l'entretien des bâtiments ; à l'acquittement des frais d'administration ; au fonds de réserve ou de prévoyance ; aux secours destinés aux bureaux de bienfaisance ; à des primes d'encouragement aux ouvriers qui auraient fait des versements aux caisses de secours et de prévoyance.

A l'expiration de la Société, les immeubles devaient devenir la propriété des villes où ils auraient été établis.

Les capitaux placés en rentes devenaient également la propriété de l'État qui devait en disposer à son gré.

MARCHE DE LA SOCIÉTÉ. — La Société devait débuter par la création de six établissements dont chacun devait comprendre, outre le logement pour cent familles, une salle d'asile, un établissement de bains, un lavoir et un jardin publics.

Ce projet n'a pas été pris en considération parce que :

1° La Société ne desservait pas d'intérêts aux actionnaires;

2° Les rentes devaient être placées à raison de 6 pour 0/0 l'an ; on sait que les valeurs sûres (dites valeurs de pères de famille) ne rapportent jamais plus de 5 pour 0/0 l'an.

Bien des sociétés ne donnent pas d'intérêts à leurs actionnaires pendant un certain temps ; ainsi la société d'assurances *le Monde* a continué pendant une vingtaine d'années à capitaliser le produit des versements de ses actionnaires ; il en est résulté que beaucoup d'entre eux ne recevant pas d'intérêt, ont cru que la Compagnie faisait de mauvaises affaires ; ils ont vendu leurs actions avec perte, pendant que ceux qui les ont gardées ont vu quintupler leur valeur.

En résumé, le don de 10 millions a rendu d'immenses services à la population parisienne, et a permis d'avancer beaucoup la question des habitations ouvrières, et si les résultats obtenus n'ont pas été plus considérables, il faut en accuser notre penchant un peu trop prononcé pour la routine.

Aujourd'hui nous remarquons encore le même éloignement des constructeurs pour l'établissement d'habitations ouvrières.

MESURES LÉGISLATIVES.

En Belgique, les sociétés d'habitations ouvrières ont obtenu de ne pas payer patente.

Les impôts concernant ces mêmes habitations ont été diminués.

On a obtenu de payer les droits d'enregistrement par annuités.

En France, le gouvernement a exempté du paiement de l'impôt foncier, pendant un certain temps, les habitations ouvrières nouvelles. La ville de Paris ne demande pas d'impôts mobiliers aux locataires qui paient moins de quatre cents francs de loyer ; mais là se bornent les avantages offerts aux petits locataires.

Nous demandons simplement à l'État français de faire payer les droits d'enregistrement par annuités, car rien n'est plus contraire à la vente que l'obligation de payer ces droits immédiatement.

Ainsi quand on vend une maison moyennant un prix payable par annuités, l'acquéreur est tenu de régler les droits d'enregistrement au moment de la signature du contrat, et à ce moment il n'est réellement pas propriétaire ; il ne le deviendra qu'après que tous les paiements auront été effectués et quand le notaire lui aura donné une quittance. Très souvent l'acquéreur ne devient propriétaire qu'au bout de quinze ans, et comme une somme placée à intérêts composés est doublée en 14 ans, il résulte qu'il aura payé, pour devenir propriétaire, une somme double de celle qu'il aurait déboursée s'il eût payé comptant.

Il arrive souvent qu'un ouvrier, pour une cause ou pour une autre, ne peut continuer à payer ; il devient nécessaire pour lui de mettre un autre acquéreur en son lieu et place ; pour cela il faut qu'il lui cède ses droits sur une propriété majorée de dix pour cent environ par les frais d'actes, et généralement il perd cette somme quand il ne trouve pas une autre personne pour lui acheter son droit de propriété.

En Angleterre, les sociétés de construction avancent les frais d'actes à leurs acquéreurs et elles se font rembourser par annuités.

Cette combinaison facilite l'acquisition des maisons par contrats réguliers, mais elle n'est pas à l'avantage des ouvriers, car quand un ouvrier ne tient pas ses engagements et qu'il ne peut trouver un nouvel acquéreur pour se mettre en son lieu et place, on l'expulse ; les frais sont couverts par la valeur de l'immeuble, attendu que les sociétés anglaises ne prêtent que les trois quarts de la valeur d'un cottage.

Pour éviter cet inconvénient, je loue avec promesse de vente et je me charge de placer à intérêts composés les sommes que l'on me paie en sus des loyers.

Une location avec promesse de vente peut avoir des ennuis; si le bailleur vient à mourir pendant qu'il a des enfants mineurs, il devient nécessaire de réaliser les contrats consentis par lui au moyen de jugements.

De plus, une location avec promesse de vente ne peut être vendue comme une créance provenant d'une vente ferme.

On ne peut qu'emprunter sur un immeuble loué avec promesse de vente, et encore les notaires parisiens ne font pas ces opérations.

La location avec promesse de vente peut être faite par une société, sans inconvénients, car une société ne meurt pas; et il est facile à une société de mobiliser des créances en créant des obligations qu'il est aisé de placer par l'intermédiaire des notaires ou par les soins des banquiers.

Dans le cas où l'État ne voudrait pas consentir au paiement des droits d'enregistrement par annuités, il pourrait les percevoir seulement sur l'acte contenant quittance du prix.

Dans ce cas, il perdrait les intérêts des frais d'enregistrement pendant quelques années, mais ces pertes seraient compensées par les recettes produites par un plus grand nombre de ventes.

Lois répressives. — Les lois répressives n'auront d'action que quand il y aura assez de logements convenables à la disposition des travailleurs.

Dans tous les pays, il y a des lois concernant les habitations insalubres.

En Angleterre, pays pratique par excellence, aussitôt que dans un district la mortalité excède 23 décès par mille, on y envoie un inspecteur de salubrité chargé de faire un rapport sur l'état des habitations. Ce rapport est adressé à qui de droit.

Les autorités compétentes ordonnent alors les travaux nécessaires et au besoin la fermeture des maisons insalubres.

Malheureusement, dans bien des cas, l'autorité est impuis-
sante en présence de gens qui n'ont rien ; ainsi, en Angleterre,
un propriétaire répondait à un inspecteur qui lui prescrivait
des mesures pour assainir son habitation :

« Je suis trop pauvre pour faire la moindre réparation ; faites
« fermer ma maison, si vous le voulez, et j'irai à l'hospice. »

Dans un autre endroit, un paysan défia l'inspecteur de trouver dans tout le village une maison dans de meilleures conditions que la sienne, et l'événement prouva qu'il avait raison.

A Paris, tout le monde est d'accord sur l'utilité des mesures
prescrites par les conseils de salubrité pour diminuer le nombre des locaux insalubres ; mais personne ne songe à ce qu'il
faudrait faire pour établir un nombre suffisant de logements
sains et convenables, et rendre ainsi possible l'exécution des
lois.

Pourtant la question devient de jour en jour plus pressante ;
dans bien des cas, les médecins ont été obligés de refuser
leurs soins à des personnes logées dans des conditions anti-
hygiéniques.

A Paris, on démolit tous les jours des quartiers entiers, soit
pour faire de belles rues, soit pour construire de belles maisons ;
mais on semble s'inquiéter peu du remplacement des locaux
détruits par des habitations économiques.

Donc, si on donnait aux conseils d'hygiène les pouvoirs et
l'autorité nécessaires pour faire fermer les locaux insalubres,
il faudrait se résoudre à expulser de Paris tous les locataires
des habitations détruites.

ACTION DE L'ÉTAT AU POINT DE VUE MORAL. — Dans le cas
où l'État ne voudrait pas avoir recours à ce procédé un peu
violent, il paraît indispensable de provoquer par tous les moyens
possibles la construction d'habitations ouvrières, — soit par

des concours, — par l'exposition de modèles de logements
convenables, par la création de cours d'hygiène dans les écoles, par des conférences faites aux adultes sur les dangers résultant du logement dans un espace trop resserré, par la construction de logements modèles destinés à ses employés, etc.

ACTION DES VILLES. — Les villes et les communes peuvent
faire ce que nous avons dit pour l'État. Malheureusement, bien
peu d'entre elles s'occupent des logements des ouvriers. La
ville de Paris se distingue par le peu d'encouragement qu'elle
donne aux constructeurs d'habitations ouvrières. Il est reconnu
que l'établissement d'habitations isolées est un des meilleurs
moyens d'améliorer les demeures des travailleurs, et la ville
fait ce qu'elle peut pour en empêcher la construction.

Ainsi, dans les quartiers les plus déserts, on fait de magni-
fiques boulevards ; les rues sont rectifiées sans souci des remblais ou des déblais à faire par les riverains.

La ville n'accepte plus que des rues de douze mètres de
large, pavées, avec trottoirs, éclairées au gaz, munies d'é-
gouts.

Une rue de Paris coûte en moyenne trois cents francs le
mètre linéaire, et ce sont les propriétaires riverains qui rem-
boursent les frais de premier établissement. Par conséquent,
il est impossible de faire des habitations isolées le long des
rues de la ville à un prix abordable pour les ouvriers.

La ville devrait accepter l'entretien de pavages suffisants
pour laisser circuler deux voitures, à la condition que les constructions ne soient pas trop élevées et qu'elles soient construites de façon à laisser une largeur de douze mètres exempte
de toute construction.

Il en est de même pour la construction des égouts. Pour
chaque maison particulière, il faut un branchement spécial destiné à l'évacuation des eaux ménagères. Ces branchements reviennent en général à un prix trop élevé.

Pour le service des vidanges, la ville veut exiger de tout propriétaire l'emploi d'un appareil diviseur avec écoulement des liquides à l'égout.

Les conseillers municipaux ont été séduits par ce fait que quinze mille appareils diviseurs fonctionnent dans Paris et que chacun d'eux est soumis à un droit de trente francs par chaque tuyau de chute, tandis qu'il existe encore soixante-dix mille fosses fixes ou mobiles qui ne paient aucune redevance à la ville. Nos édiles espéraient par suite faire entrer dans les caisses de la ville $70,000 \times 30 = 2,100,000$ francs chaque année.

La ville n'a pas encore réussi à imposer ses conditions aux propriétaires, qui ont une foule de raisons à lui opposer.

Les principales de ces raisons sont :

1° La perte des produits azotés qui se trouvent dans les vidanges et qui sont perdus pour l'agriculture par suite des procédés actuels d'épuration des eaux d'égout;

2° La ruine des industries qui ont pour objet le traitement des vidanges parisiennes;

3° Le prix élevé de la redevance à payer à la ville pour le droit d'écoulement des liquides à l'égout.

Nous allons les étudier successivement.

Perte des produits azotés qui se trouvent dans les vidanges.

La perte des produits azotés pourra être évitée quand la ville mettra à la disposition de ses ingénieurs l'argent nécessaire pour mettre en pratique des procédés d'épuration qu'ils ont trouvés.

En effet, nous savons, d'après les résultats obtenus à Genevilliers, qu'il suffit d'un hectare pour épurer 50,000 litres d'eau d'égout, c'est-à-dire pour oxyder les matières organiques qui s'y trouvent et les rendre inoffensives. En été, on peut doubler cette dose; mais, en hiver, par les fortes gelées, il n'en est plus de même. Nous croyons que, pour épurer convenablement les eaux d'égout, *et pour utiliser complètement les produits azotés qui s'y trouvent*, il faudrait un hectare pour une dose journalière de 5,000 litres ; donc, pour débarrasser Paris de ces 50,000 litres d'eau d'égout, il suffira d'une surface de cent hectares et d'une somme qu'il sera facile d'emprunter, car l'irrigation par les eaux d'égout pourra donner lieu au recouvrement d'une taxe dont le produit permettra d'amortir en très peu de temps la dette contractée pour faire les travaux nécessaires.

En effet, l'irrigation par les eaux d'égout a décuplé la valeur des terres de Gennevilliers, donc l'eau d'égout a une certaine valeur et peut être vendue ; d'un autre côté, quand le désir du conseil municipal actuel sera réalisé, c'est-à-dire quand les vidanges seront envoyées directement à l'égout, il en résultera pour les propriétaires la suppression des frais de vidange, qui sont très considérables.

Ainsi, d'après M. d'Hubert, ingénieur de la compagnie des vidanges la plus puissante de Paris, un homme produit par an 500 litres de matières, dont l'extraction revient à 2 fr. 50 en moyenne ; donc la somme annuelle dépensée par les Parisiens pour se débarrasser de leurs vidanges est de cinq millions. Par conséquent, en payant à la ville ce qu'ils paient aux entrepreneurs de vidanges, les Parisiens pourraient mettre à sa disposition un revenu de cinq millions, annuité qui permettrait d'amortir en soixante ans un capital de cent millions.

Ruine des industries qui ont pour but le traitement des vidanges.

L'industrie actuelle des vidanges est peu digne d'intérêt, car on retrouve à Bondy, lieu de traitement des vidanges, le quart à peine de l'azote produit par les Parisiens, et les procédés que l'on emploie pour fabriquer la poudrette font perdre la plus grande partie de celui qui y est amené.

Nous ne comprenons pas que l'on n'emploie pas à Paris les procédés de vidanges, basés sur les propriétés absorbantes de la terre sèche, des poussières, des débris de végétaux, qui rendent tant de services en Angleterre, en Belgique et dans plusieurs parties de la France.

Il est, en effet, bien plus facile de désinfecter les vidanges au moment de leur production, que de purifier les grandes masses d'eau dans lesquelles on les noie.

La forme et les appareils à terre sèche varient beaucoup. Plusieurs sont analogues à nos water-closets ordinaires : ils en diffèrent parce que l'eau est remplacée dans les réservoirs par des substances pulvérulentes, telles que la terre à four, les cendres ; d'autres possèdent un récepteur spécial.

Ainsi, M. Goux a imaginé un système qui consiste à placer sous le tuyau de chute une tinette, dont les parois sont garnies de débris de végétaux, de poussières de toute sorte.

Ce système est employé à Noisiel, dans l'usine de M. Menier ; les tinettes sont garnies de débris de cacao et placées sous les tuyaux de chute. Aussitôt pleines, elles sont enlevées, et leur contenu est employé comme engrais. M. Menier paie l'enlèvement et le remplacement d'une tinette 0 fr. 25.

Le système de M. Goux est employé par l'armée de l'Est ; il serait d'une grande utilité dans les nouveaux quartiers qui se forment aux environs des fortifications de Paris, et qui sont composés de maisons à rez-de-chaussée ou à un seul étage. Les compagnies dont l'existence est menacée par l'écoulement direct des vidanges à l'égout devraient donc étudier l'application, dans les faubourgs de Paris, des procédés qui permettent de recueillir toutes les vidanges.

Le procédé à terre sèche pourrait être employé même dans l'intérieur de Paris. Il serait facile, en effet, de faire communiquer un caveau spécial, placé dans chaque maison, avec les égouts. Dans ce caveau, déboucheraient deux tuyaux : l'un, (le trou à poussière des Anglais) servirait à y conduire les ordures produites journellement ; l'autre serait le tuyau de chute des privés.

Les ordures seraient employées à garnir les parois des tinettes placées sous les tuyaux de chute. L'enlèvement et le remplacement des tinettes se feraient par les égouts au moyen d'un chemin de fer à voie étroite.

A Amsterdam et dans plusieurs villes de l'Allemagne, on emploie le système du capitaine Liernur, qui consiste à conduire, au moyen de machines à faire le vide, les vidanges produites par les habitants, soit dans les appareils de l'usine où elles sont transformées en poudrette, soit dans les réservoirs des bateaux qui les amènent aux agriculteurs, qui les utilisent.

Prix élevé de la redevance à payer à la ville pour droit d'écoulement des liquides à l'égout.

A Paris il faut payer une taxe de 30 francs par tuyau de chute pour avoir le droit d'écouler les liquides à l'égout.

Cette taxe est très mal répartie, car elle force les propriétaires d'une maison à un seul ménage à des dépenses trop lourdes pour le service de la vidange.

En effet, l'emploi du système diviseur, dans une habitation qui sert à loger cinq personnes, donne lieu à une dépense de :

30 francs pour droit d'écoulement à l'égout ;

20 francs pour location de la tinette ;

10 francs pour l'enlèvement et le remplacement de cinq tinettes.

Tant que la taxe sera ainsi répartie, les propriétaires de petites habitations continueront à employer les fosses fixes ou les tinettes mobiles.

D'après nous, il faudrait établir une taxe proportionnelle, soit au nombre des pièces que composent un logement, soit à sa valeur locative.

Le jour où la ville enverra directement les vidanges à l'égout, elle supprimera les frais relatifs à la location de la tinette.

Nous avons vu que, par l'emploi des fosses fixes, les frais de vidange s'élèvent pour les Parisiens à cinq millions de francs.

Dans le cas de l'emploi du système diviseur, ils s'élèveraient à :

Enlèvement et remplacement de 2,000,000 de tinettes à 2 fr. l'une. . . . . 4,000,000 fr.

Location de 100,000 tinettes à 20 fr. 2,000,000

TOTAL. . . . . . . 6,000,000 fr.

Si tous les habitants de Paris se servaient du système diviseur, les frais de vidange s'élèveraient à six millions par an, ce qui représente une annuité capable d'amortir en soixante ans une somme de cent vingt millions.

Nous croyons donc que Paris aurait le plus grand intérêt à adopter le plus tôt possible le système de l'écoulement direct des vidanges à l'égout.

Nous savons que bien des ingénieurs déclarent cette opération impossible ; mais nous nous contentons, pour affirmer sa possibilité, de l'opinion de M. Durand Claye, qui étudie cette question depuis nombre d'années, et qui prétend que bien des villes envoient leurs vidanges dans des égouts, dont la pente est bien inférieure à celle des égouts de la ville de Paris.

Le jour où les égouts recevront les vidanges, les eaux d'égout auront une valeur plus considérable, et les propriétaires parisiens, débarrassés des ennuis de la vidange, paieront avec plaisir une redevance qui permettra à la ville de rentrer dans ses déboursés, et par suite d'exempter nos héritiers des charges qui résultent de l'enlèvement des vidanges

La ville de Paris a le plus grand intérêt à favoriser les constructions d'habitations ouvrières.

Nous avons dit qu'il faudrait construire cent mille chambres pour que les classes laborieuses puissent arriver à se loger convenablement ; la construction de ces cent mille chambres augmenterait très certainement les recettes de l'octroi, les taxes municipales et le rendement d'autres impôts.

Beaucoup de villes ont fait de grands sacrifices pour loger leurs ouvriers ;

La municipalité de Milan à donné à cet effet huit mille mètres de terrain et tout récemment cinquante mille mètres de terrain à une société d'habitations ouvrières.

La ville de Lille garantit cinq pour cent d'intérêts aux actionnaires d'une Société qui a construit deux cent cinquante maisons à un seul ménage.

La ville du Havre a donné vingt cinq mille francs pour établir le gaz et l'eau dans une cité. La ville de Mulhouse éclaire à ses frais les rues des Cités ouvrières.

La ville de Paris ne donne pas de terrain, mais il faut espérer qu'elle procurera l'eau et le gaz aux habitants des Cités qui seront fondées dans l'avenir.

J'ai offert à la ville de Paris d'acheter à raison de 5 fr. le mètre des terrains situés sur un boulevard extérieur en prenant l'obligation de faire des maisons d'ouvriers et de les vendre au prix de revient.

Ma proposition a été soumise au Conseil municipal, mais un vote négatif m'a permis de constater que nos édiles n'aiment pas beaucoup attirer les ouvriers dans nos murs ; j'avais aussi demandé de l'eau et du gaz pour éclairer les rues que je fais dans des quartiers excentriques, mais je n'ai rien obtenu et je n'obtiendrai rien tant que je n'aurai pas réussi à fonder une société composée d'hommes influents. On objecte qu'un conseil municipal ne peut rien accorder à un homme seul sans s'exposer à être accusé de favoritisme. Cette manière de voir n'est pas très-judicieuse, car bien des hommes ne tiennent pas à faire partie d'une société soumise aux prescriptions de la loi actuelle.

En résumé, 1° la ville de Paris devrait classer des rues de moins de douze mètres de large à la condition que les maisons qui les bordent n'aient pas une hauteur supérieure à cette largeur, et qu'il y ait toujours une zône de terrain de 12 mètres de large au moins, qui ne soit pas couverte de constructions.

2° La ville devrait faire des égouts coûtant moins cher que les types actuels, et employer des canalisations analogues à celles que l'on emploie en Angleterre.

3° La ville devrait établir à ses frais les conduites d'eau et de gaz dans les passage les plus étroits de façon à mettre l'eau et le gaz à la portée de tous les habitants, comme elle le fait pour les habitants des maisons à étages qui bordent les rues classées.

4° La ville devrait établir sur les tuyaux de chute une taxe proportionnelle au nombre de pièces qui composent une maison, et non proportionnelle au nombre de tuyaux de chute.

ACTION DES MEMBRES DU CLERGÉ, DES INSTITUTEURS.

En Angleterre, plusieurs membres du clergé ont acheté des maisons insalubres, et ils les ont remplacées par des habitations convenables.

Notre clergé est très charitable ; il dispose de grands capitaux ; nous croyons qu'il suffira de porter ce fait à sa connaissance et de lui indiquer le mal dont souffre Paris pour qu'il cherche à y remédier.

Nous savons qu'en ce moment un père célèbre organise des banques populaires par l'intermédiaire des cercles catholiques et qu'aussitôt cette œuvre organisée il s'occupera 'e la réforme des habitations ouvrières.

Quant aux professeurs, leur action est très considérable sur les enfants, mais elle est à peu près nulle sur les adultes, si ce n'est sur ceux qui fréquentent les cours du soir. — Les professeurs doivent donc dans leurs cours faire ressortir les dangers des habitations insalubres, et ils seront sûrs d'obtenir des résultats dans un avenir très rapproché.

ACTION DES MÉDECINS.

Les médecins de Copenhague ont constitué dans cette ville une société qui a pour objet de détruire des habitations insalubres et de les remplacer par autant de petits logements sains et économiques. Cette société loge aujourd'hui convenablement près de 2,000 personnes.

Nos médecins pourraient éclairer le public par des mémoires, sur l'action délétère des bouges et taudis où les appellent leurs fonctions.

En Angleterre, les médecins ont beaucoup contribué à la construction des habitations améliorées en prévenant le public que, tant que les ouvriers seraient logés dans des conditions aussi déplorables au point de vue sanitaire, les ressources de leur art seraient impuissantes pour arrêter les ravages des épidémies et leur transmission aux demeures des gens aisés.

ACTION DE LA JUSTICE.

En Angleterre, la publication des résultats de la statistique criminelle produit toujours un grand mouvement d'opinion.

Cette publicité a permis de constater que, depuis l'établissement des Building-Societies, le nombre des crimes a beaucoup diminué dans les localités où elles fonctionnent.

ACTION DE L'INDUSTRIE.

En province, les grands industriels logent les ouvriers presque gratuitement.

Les ouvriers des mines de Blanzy et d'Anzin, sont pourvus de logements comprenant trois pièces et cuisine, moyennant la somme de soixante-douze francs par an ; comme il y a environ trente-six francs de charges, le rapport net est de trente-six francs, soit deux pour cent environ du prix de revient d'une maison.

Dans les centres industriels, on peut loger convenablement les ouvriers et retirer quatre pour cent de sa mise de fonds.

Le taux de quatre pour cent est même dépassé.

A Verviers, par exemple, on arrive à retirer six pour cent net des capitaux engagés dans la construction des maisons d'ouvriers.

A Paris et aux environs, les chefs d'usine se préoccupent peu de loger les ouvriers.

La construction, la vente et la location des maisons constituent une industrie très florissante ; malheureusement les capitaux ont une prédilection marquée pour les belles maisons, sans souci apparent d'améliorer la demeure du nécessiteux et du travailleur.

Les maisons pour les ouvriers sont généralement édifiées avec de vieux matériaux.

La distribution en est le plus souvent peu étudiée et le nombre des pièces dont dispose chaque ménage est beaucoup trop restreint.

Pour être logé convenablement l'ouvrier devrait pouvoir consacrer plus d'argent à son loyer. Mais son salaire ne lui permet pas ce confortable ; car il est établi, sans tenir compte des chances de misère qui peuvent frapper un travailleur.

Les industriels devraient se grouper en syndicats, arrêter le prix de vente de leurs produits de la même façon que les entrepreneurs de la ville de Paris, et établir les salaires de leurs ouvriers en tenant compte des causes de misère qui entourent l'ouvrier et le frappent cruellement, lui et les siens ; ces causes sont :

1° La maladie, — les infirmités, — les accidents, — la vieillesse, — le chômage, — la mort.

2° La cherté de son logement.

Le salaire de l'ouvrier se composerait donc de deux parties. La première, serait le salaire habituel du travailleur, la seconde se composerait de la somme nécessaire pour remédier à ces diverses causes. Cet argent ne serait pas remis aux ouvriers ; il serait versé pour leur compte dans des sociétés d'assurance créées en vue de parer aux effets de ces causes de la misère.

En province, dans les grandes usines, nous constatons beaucoup de prévoyance pour l'ouvrier de la part des chefs de l'industrie, mais à Paris l'ouvrier est trop abandonné à lui-même et il ne veut pas des conseils du patron dont il se méfie.

L'action du chef d'usine pourrait être remplacée à Paris par celle du propriétaire d'habitations économiques, si ce dernier avait de l'influence sur ses locataires. Nous avons vu que le prix de revient élevé des constructions permettait à fort peu de propriétaires de donner assez de confort aux travailleurs pour leur faire redouter l'expulsion, seule mesure de répression qu'on puisse employer contre eux. En général, le propriétaire n'a aucune autorité sur ses locataires ; l'ouvrier parisien déménage pour les causes les plus futiles ; il tient si peu à son logement que nous en avons vu changer de domicile pour un timbre de dix centimes qu'on voulait leur faire payer.

Dans le cas où une *société*, ayant pour but la construction d'habitations ouvrières, recevrait des subventions, soit de l'État, soit d'industriels, soit de personnes charitables, *elle* pourrait établir des logements convenables et les louer au même prix que ceux qui sont habités actuellement, elle aurait de ce fait une certaine autorité sur ses locataires, elle serait dans le cas des chefs d'industrie, et par conséquent elle pourrait doter ses locataires d'institutions de prévoyance.

Nous ne pouvons trop insister sur la nécessité d'améliorer les logements d'ouvriers ; c'est peut-être le remède le plus efficace à employer pour diminuer la mortalité dans Paris.

Il est vrai que la misère contribue pour beaucoup à entretenir cette mortalité, mais il ne faut pas oublier que l'expérience a prouvé que, chez l'ouvrier bien logé, la misère est rapidement remplacée par une aisance relative.

ACTION DE L'ASSISTANCE PUBLIQUE.

Le bureau de bienfaisance de Nivelles a construit plusieurs maisons d'ouvriers.

Il a inauguré un système qui porte le nom de cette ville.

Ce système consiste à rendre l'ouvrier propriétaire de la manière suivante :

Une partie du loyer payé par le locataire est portée à son compte dans une caisse d'épargne.

Quand la somme économisée devient suffisante à l'achat, on vend à l'ouvrier la maison qu'il habite.

A Anvers, le bureau de bienfaisance a construit un premier groupe de cent soixante-sept maisons.

Les heureux résultats obtenus l'ont décidé à en construire un autre de cent trente maisons.

A mon dernier passage, en 1880, j'ai vu construire un troisième groupe tout aussi considérable.

Nous ne demandons pas à l'assistance publique de Paris de construire elle-même des logements d'ouvriers, mais comme elle possède de grands terrains, elle pourrait les vendre à prix réduits à des personnes qui construiraient des logements d'ouvriers dont les plans seraient approuvés par les conseils de salubrité.

J'ai demandé à l'assistance publique de me céder au prix de douze francs le mètre un champ de douze mètres de large sur trois cents mètres de long, enclavé dans mes propriétés.

J'avais l'intention de percer ce terrain d'une rue pour pouvoir diminuer la surface des lots de terrain que je vends à raison de quinze francs le mètre, en donnant vingt ans pour payer.

En payant à l'assistance publique douze francs chaque mètre de terrain, je n'aurais fait aucun bénéfice, mais j'aurais obtenu des lots de terrain plus petits, ce qui aurait permis à beaucoup plus de personnes de devenir propriétaires.

Comme d'habitude, j'ai été repoussé ; ma demande, bien désintéressée et probablement mal interprétée, a eu le sort commun, ce qui me confirme davantage dans cette opinion que tant que les ouvriers ne réuniront pas leurs capitaux pour les appliquer à leurs besoins, ils resteront placés dans de mauvaises conditions économiques au point de vue du logement et des choses nécessaires à la vie.

L'assistance publique rend des services ; elle diminue légèrement, chaque année, le nombre des malheureux ; mais, instituée comme elle l'est, elle entretiendra encore longtemps le paupérisme.

Les membres des bureaux de bienfaisance exercent leurs fonctions charitables avec beaucoup de dévouement, mais ils pourraient mieux utiliser et leur temps et leur intelligence qu'à quêter à domicile et à l'église.

On sait qu'un temps précieux est perdu par l'ouvrier obligé de s'adresser aux bureaux de bienfaisance pour obtenir un maigre secours, qui n'est en rapport ni avec son besoin ni avec le temps qu'il est obligé de perdre à cet effet.

Il me semble qu'il vaudrait mieux remplacer le produit des quêtes par celui d'un impôt unique, et faire distribuer les secours à domicile par les membres eux-mêmes des bureaux de bienfaisance.

Pour faciliter leur tâche, ne serait-il pas utile d'employer comme auxiliaires des ouvriers, ainsi que l'a expérimenté M. Levy dans le douzième arrondissement, pendant le temps qu'il y exerçait les fonctions de maire.

Les propriétaires d'habitations ouvrières pourraient aussi rendre d'utiles services, en signalant les familles nécessiteuses, les pauvres honteux et surtout les individus qui trompent indignement les membres des bureaux de bienfaisance mal renseignés et qui ne peuvent consacrer assez de temps à leurs visites pour déjouer les nombreuses ruses des mendiants de profession.

Je puis, à l'appui de ce qui vient d'être exprimé, citer le fait suivant :

J'avais deux familles logées sur le même carré :

L'une avait vue sur le boulevard et payait 260 francs de loyer ;

L'autre occupait un logement semblable mais avec vue sur la cour, et par suite dépensait soixante francs de moins de ce chef.

Les parents de la première famille allaient assez souvent au théâtre ; le père ne travaillait jamais le lundi.

Il va de soi que son logement était mal tenu, ses enfants négligés, comme il arrive partout où le désordre prend le dessus.

La seconde famille, composée de gens laborieux, tenait proprement son logement ; les enfants y étaient parfaitement soignés et élevés.

Eh bien ! le loyer de la première famille était en partie payé par le Bureau de Bienfaisance, qui encourageait ainsi le vice et la paresse et donnait une triste idée de la justice humaine aux autres locataires de la maison.

J'ai relevé plusieurs cas semblables dans mes visites de logements d'ouvriers.

Je crois qu'il serait urgent de remédier à une aussi fâcheuse distribution de secours.

La moralité des ouvriers décline à vue d'œil, et si nous n'y prenons garde, la société actuelle tombera bientôt en dissolution complète.

ACTION DE LA CHARITÉ. — En France, on est très charitable, — qualité qui malheureusement a les effets d'un défaut, quand elle favorise la mendicité.

Nous voudrions voir établir en France le système romain, qui consistait à secourir jusqu'à trois fois les individus dans le besoin, mais n'hésitait pas à exporter dans les colonies les mendiants de profession.

Cette mesure a déjà été proposée ; on la considère comme barbare.

Mon avis est qu'entre deux maux il faut savoir choisir le moindre, et que le sort des travailleurs est beaucoup plus intéressant que celui de fainéants qui ne savent que tendre la main.

Il nous semble qu'à tout prix il faut trouver les moyens d'améliorer le sort des classes laborieuses, en mettant de côté la pitié pour ceux qui ne la méritent point.

N'est-il pas honteux dans une ville comme Paris, — qui a la prétention de marcher à la tête de la civilisation, — de trouver à chaque instant sur son chemin des mendiants et des infirmes cherchant pâture en excitant la sensibilité du passant et exploitant cette sensibilité sous les yeux même de la police ?

Nos hospices sont suffisamment nombreux pour recevoir tout ce qu'il y a en France d'indigents véritablement dignes de secours.

Suivant une statistique récente, il serait démontré que deux pour cent à peine des indigents secourus méritent de l'être. (Rapport de M. de Kersanté à la Société d'Agriculture.)

Donc, appliquons sévèrement les lois contre la mendicité, quelque forme qu'elle prenne ; — si l'argent fait défaut pour secourir telle ou telle catégorie de nécessiteux, faisons à la charité un appel qui sera toujours entendu.

Les capitaux ne manqueront pas, surtout si les personnes bien disposées peuvent compter sur un contrôle sérieux.

Bien des œuvres méritoires fonctionnent grâce à des subventions fournies par la charité.

Le nombre des orphelinats, ouvroirs, asiles de nuit augmente chaque année.

Mais toutes ces œuvres n'ont en général pour but que de secourir la misère et non d'en détruire les causes.

Parmi ces causes, une des plus terribles provient de l'insalubrité du logement des classes nécessiteuses.

Les personnes charitables devraient donc faire tous leurs efforts dans le sens de l'habitation et s'attacher à la création de logements sains et commodes.

Plus on étudiera, plus on favorisera le bien-être au point de vue du logement, plus on attaquera la misère dans l'une de ses sources ; on la préviendra, et il vaut mieux prévenir que guérir.

Par la charité, on peut arriver à établir des habitations ouvrières de deux manières :

Soit en construisant soi-même ;

Soit au moyen de subventions aux constructeurs d'habitations ouvrières.

En construisant soi-même, on peut suivre deux voies.

Ainsi, M. le duc de Galliera a construit à Gênes des immeubles d'une valeur de deux millions, destinés au logement de personnes méritantes, incapables de payer momentanément leurs loyers.

Cette œuvre reste stationnaire et a beaucoup de chances de disparaître.

A Paris elle n'aurait aucunes chances de succès par suite des abus auxquels elle donnerait lieu.

Que de fois nous est-il arrivé de nous entendre dire par des locataires, mauvais payeurs :

« Vous dépensez soixante francs pour notre expulsion ; don« nez-nous dix francs, vous en gagnerez cinquante et nous « partirons volontairement. »

Cet exemple suffit pour démontrer l'antagonisme qui existe à Paris entre le propriétaire et le locataire, et par suite le danger qu'il y aurait à y installer des logements gratuits.

Nous préférons de beaucoup l'œuvre de M. Peabody, riche Américain, qui a légué quatre millions destinés à l'édification de constructions pour les ouvriers.

Le loyer de ces maisons est calculé de façon à rapporter 3 0/0 net du capital employé à leur construction ; l'argent ainsi perçu sert à reconstruire de nouveaux immeubles. Aujourd'hui, les maisons de M. Peabody servent à loger sept mille personnes et valent treize millions.

Il ne manque pas en France de personnes généreuses, mais leur générosité n'est pas toujours très éclairée.

Ainsi Mme Lenoir a légué trois millions pour agrandir l'hospice Boulard. Dans cet hospice, fondé grâce à la générosité de M. Boulard, qui a donné onze cent quarante mille francs à cet effet, on n'entretenait que douze vieillards et on avait encore besoin, pour équilibrer le budget, d'une subvention de deux mille francs allouée par la ville.

Par suite du legs de Mme Lenoir, l'hospice Boulard compte aujourd'hui soixante-dix pensionnaires.

Si l'argent dépensé pour établir l'hospice Boulard, tel qu'il est aujourd'hui, avait été employé comme celui de M. Peabody, il aurait servi à loger convenablement sept mille personnes.

Comme les particuliers, assez riches pour fonder des œuvres de ce genre, sont peu nombreux, il faudra nécessairement, pour arriver au résultat que nous avons en vue, avoir recours à l'association.

ACTION DES SOCIÉTÉS SCIENTIFIQUES. — Les Société scientifiques à Paris ne s'occupent pas assez des déshérités et semblent avoir peu souci d'étudier les moyens de moraliser l'ouvrier, et de lui procurer un domicile sain et peu coûteux.

Beaucoup de problèmes, concernant l'importante question

du logement, sont à résoudre ; mais la solution est d'autant plus difficile à trouver, que l'on a peu d'argent à dépenser pour donner à l'ouvrier le confort nécessaire.

Ainsi, par exemple, le problème consistant à cuire les aliments et à chauffer le logement avec la chaleur perdue est généralement résolu au point de vue économique ; mais la solution est bien loin d'être conforme aux règles de l'hygiène.

En général, dans les logements d'ouvriers, on emploie des petits poëles en fonte qui sont installés devant la cheminée.

Ces poëles servent à chauffer la chambre et à faire la cuisine.

Le plus souvent, on couche dans cette même pièce, dont l'air est vicié ; on a peine à concevoir que des êtres humains puissent y vivre quelques heures, et cependant ces mêmes êtres y passent la nuit, temps pendant lequel leurs corps fatigués auraient le plus besoin d'un air pur.

A Berlin, un concours a été organisé dans le but de trouver un appareil hygiénique permettant d'utiliser en hiver, au chauffage du logement, la chaleur perdue provenant de la cuisson des aliments.

Plusieurs solutions ont été trouvées ; malheureusement, les appareils allemands sont en terre cuite, et ils prennent beaucoup trop de place pour qu'ils puissent être utilisés à Paris.

J'ai demandé à la Société des ingénieurs civils et à la Société d'encouragement de mettre cette question au concours ; mais, jusqu'à présent, je n'ai obtenu aucun résultat ; et, pour mon compte, je construis trop peu de maisons pour qu'un entrepreneur de fumisterie veuille se donner la peine d'étudier un projet.

En Angleterre on a fait beaucoup d'expériences sur le meilleur mode d'écoulement des eaux ménagères et de l'enlèvement des vidanges.

En France ces questions sont abandonnées aux ingénieurs de l'Etat qui ne semblent point se préoccuper des charges que leurs méthodes imposent aux contribuables, ni avoir souci de réduire au minimum les dépenses relatives soit à l'écoulement dès eaux ménagères soit à l'enlèvement des vidanges.

A Paris le conseil municipal tient à avoir de belles rues, des égouts splendides ; il en résulte que la viabilité coûte très cher et qu'il faut construire des maisons à étages pour réduire le plus possible les frais résultant de ce chef.

ACTION DE L'ASSOCIATION.

Les sociétés peuvent prendre pour bases :

1° La Charité ; 2° La Philanthropie, 3° La Spéculation.

Les Sociétés charitables peuvent suivre deux voies bien distinctes :

1° Ou bien loger gratuitement les ouvriers.

2° Ou leur faire payer un loyer peu élevé et consacrer le produit de ce loyer au développement de l'œuvre.

Nous n'aimons pas le logement fourni gratuitement ;

Nous croyons que l'aumône devrait disparaître et que les loyers non payés devraient l'être, dans le cas qui nous occupe, par les Sociétés de prévoyance ou par les caisses de loyers.

Ainsi à Christiania un prélèvement de 1 0/0 est fait sur le revenu brut de la Société des Habitations ouvrières et est destiné à payer le loyer des personnes incapables de se libérer momentanément du prix de ce loyer.

Malheureusement nos idées sur le Paupérisme sont loin d'être partagées par tous; et bien des personnes paieront encore pendant longtemps les loyers de gens indignes de leur pitié.

Malgré notre peu de sympathie pour les Sociétés qui reposent sur l'idée de charité, nous croyons néanmoins, dans l'état actuel des logements Parisiens, qu'il faudrait créer une *Société de Charité* ayant pour objet :

1° De donner des subventions soit aux pères de famille trop

chargés d'enfants, soit aux constructeurs de logements convenables pour l'ouvrier ;

2° De provoquer par tous les moyens possibles la création
des logements d'ouvriers.

En donnant des subventions aux pères de famille, on leur
procurerait la facilité d'occuper des logements composés d'un
nombre de pièces suffisant pour pouvoir séparer les sexes
pendant la nuit et on supprimerait ainsi une cause prépondé-
rente de démoralisation.

Les subventions données aux propriétaires leur permet-
traient de faire des logements de 3 pièces et d'une cuisine et
d'en retirer l'intérêt légal.

L'annonce d'une subvention déterminerait les propriétaires
à construire des logements d'ouvriers.

La Société pourrait aussi construire elle-même des immeubles ou louer des maisons en principale location, améliorer les
logements, garantir à des propriétaires un revenu satisfaisant.

La fondation de cette société aurait pour résultat de permettre aux personnes généreuses de donner leur argent en
connaissance de cause et de n'avoir pas à craindre les ennuis
résultant du fonctionnement d'une société commerciale.

La société de charité pourrait être déclarée d'utilité publique.

Elle se composerait :

De membres fondateurs à vie ;

De membres ordinaires.

Les ressources de cette société se composeraient :

1° Des cotisations ;
2° Des souscriptions, quêtes, ventes de charité ;
3° Du produit des donations et legs ;
4° Du revenu des biens de la Société.

La Société serait administrée par des personnes dévouées
qui se partageraient les divers quartiers de la capitale, visite-

raient les logements des personnes subventionnées et décide-
raient de l'emploi des fonds.

Tant que la Société ne sera pas assez riche pour pouvoir
rémunérer d'une manière suffisante un directeur et pour payer
les frais d'un bureau, les administrateurs pourront désigner
les personnes ou les propriétaires qui devront être subventionnés ; mais nous ne conseillerons jamais à ces administrateurs de s'occuper de la gestion de maisons d'ouvriers.

Pour gérer des maisons de ce genre, il faut une grande habitude et beaucoup d'énergie.

On peut avoir de bons gérants qui, moyennant 5 0/0 sur le
revenu brut, se chargent de toucher les loyers, de poursuivre
leurs recouvrements , citer et comparaître en justice de
paix, etc.

On trouverait facilement de jeunes architectes qui, à l'instar
des jeunes médecins, s'occuperaient des ouvriers pour se
préparer une clientèle ; donc la société aurait plus d'intérêt à
faire gérer ses propriétés par un gérant que de les faire gérer
par ses administrateurs.

Néanmoins, aussitôt que les ressources de la Société le per-
mettraient, il serait très avantageux pour elle d'avoir un bureau et un bon directeur habitué aux mœurs des ouvriers.

Il désignerait aux administrateurs les personnes dignes de
secours.

Il s'occuperait de la gestion des immeubles, ferait les rentrées, des convocations, etc.

En Angleterre, les directeurs des sociétés de ce genre sont
largement rémunérés ; aussi les sociétés arrivent-elles à des
résultats surprenants.

SOCIÉTÉS PHILANTHROPIQUES.

Les sociétés philanthropiques, c'est-à-dire les sociétés qui
ont pour but de procurer des habitations convenables aux ou-

vriers, tout en ne retirant pas plus de 4 0/0 de leurs capitaux,
sont peu répandues en France.

La plus célèbre est celle qui a été fondée à Mulhouse par
M. Jean Dollfus.

MM. Siegfried frères ont fondé au Havre la Société havraise
des habitations ouvrières, au capital de cent mille francs, et à
Bolbec, une société de même importance.

Nous avons essayé, avec l'aide de M. Muller, de fonder la
Société parisienne des habitations économiques.

Avec les noms de MM. J. Dollfus, E. Muller, Jules et Jacques
Siegfried, Bamberger, Godillot, Chaix, Marbeau, nous n'avons
pu réunir que cent vingt mille francs.

Cette somme, employée comme on l'entend généralement,
ne produirait aucun résultat ; mais elle serait suffisante pour
faire des millions d'affaires si elle était employée à fonder une
société dans le genre des Building-Sociétés anglaises que nous
décrivons plus loin ; malheureusement les souscripteurs n'ont
pas voulu adopter le mode d'opérer de ces sociétés, et nous
avons renoncé à fonctionner avec un capital si minime.

Une autre société commence en ce moment ses opérations à
Paris, c'est la Société civile des habitations ouvrières de
Passy-Auteuil.

MM. de Plasman et Daniel Meyer, membres du bureau de
bienfaisance d'Auteuil, ont cherché pendant trois ans à fonder
une société de charité destinée à loger des malheureux qu'ils
visitent dans leurs taudis. Ils sont arrivés à réunir une tren-
taine de mille francs, et à grouper une centaine de personnes
toujours disposées à venir en aide aux travailleurs. Après bien
des déboires, une société civile a été constituée sous la prési-
dence de M. Dietz-Monnin. Pour faciliter l'existence de cette
société, j'ai offert de lui céder, à prix coûtant, les dix maisons
construites par moi, impasse Boileau, ainsi que mes terrains
achetés avant la hausse considérable des propriétés situées
dans le quartier d'Auteuil.

Le conseil d'administration a accepté mon offre, et nous avons résolu d'opérer de la manière suivante :

La Société sera transformée en société anonyme, analogue à celle de Mulhouse. Son capital sera porté à 200,000 fr. J'apporterai à la Société mes terrains et maisons en échange d'actions que MM. Dietz-Monnin et Emile Meyer s'engagent à me payer en argent comptant.

SOCIÉTÉS DE SPÉCULATION.

Les opérations sur les terrains sont toujours fructueuses quand elles sont bien conduites.

Mais elles exigent en France de grands capitaux, car on ne sait pas mobiliser la propriété comme en Angleterre.

A Paris, les capitalistes ne s'occupent pas volontiers de loger l'ouvrier.

Plusieurs essais ont été tentés, mais sans réussite au point de vue de la spéculation.

Des résultats plus heureux, au point de vue pécuniaire, ont été obtenus par des spéculateurs sur des terrains.

Ainsi les terrains qui longent le chemin de fer de Vincennes ont été lotis, vendus par annuités et ont procuré de beaux bénéfices à leurs vendeurs, tout en rendant service aux personnes qui voulaient devenir propriétaires.

Dans Paris, les résultats sont moins satisfaisant quand il s'agit de vendre des terrains aux ouvriers ; il faut faire des voies suivant les règlements de la ville, établir des égouts réglementaires, tenir compte des niveaux des rues, etc.

De plus, le terrain est généralement mauvais ; il faut établir des maisons coûteuses et retirer un revenu élevé.

Dans beaucoup de cas, les terrains sont loués à des maraîchers qui s'y établissent pour y exercer leur industrie et aussi pour obtenir une forte indemnité dans le cas où l'on voudrait faire passer des rues à travers leurs jardins.

Dans Paris, il existe encore de vastes terrains bien remblayés qu'il serait facile d'obtenir à bon compte et sur lesquels on pourrait édifier des habitations ouvrières à rez-de-chaussée.

D'autres terrains contiennent des matériaux de construction, du moellon, du sable, des pierres de taille.

Il serait facile de les exploiter et d'employer les matériaux non utilisés à construire des maisons pour ouvriers sur les terrains remblayés.

ACTION DES SOCIÉTÉS COMPOSÉES D'OUVRIERS

Les opérations concernant la construction d'habitations ouvrières réussiront à n'en pas douter, quand elles seront faites par des ouvriers, à la condition que ces derniers connaîtront le mouvement des affaires, et qu'ils sauront tirer parti des deux éléments de succès dont ils disposent, savoir : 1° la valeur représentée par un groupe de travailleurs ; 2° le capital produit par la réunion des sous de l'ouvrier ; 3° la certitude de voir habiter par les membres de la société des terrains en culture transformés en terrains à bâtir.

En Angleterre, il existe des milliers de sociétés qui ont pour but de rendre l'ouvrier propriétaire.

Ces sociétés sont composées d'ouvriers. Un Journal spécial leur est consacré ainsi qu'un dictionnaire.

Ces sociétés sont divisées en trois groupes :

Les land societies ; land et building societies ; building societies.

Les land societies ont pour but d'acheter de grands terrains, de les diviser en petits lots et de les revendre à leurs membres au prix de revient, plus une légère augmentation pour couvrir les frais d'administration.

Ces opérations sont certaines, grâce au grand nombre de membres composant chaque société.

Une nouvelle cité est formée, et pour peu que le terrain soit bien situé, il est bientôt desservi par des voies de communications très importantes.

Ainsi, un chemin de fer a été créé tout exprès pour desservir un village ainsi fondé.

Land and Building societies. — *Les Land and Building societies* ont pour objet de joindre aux opérations de terrains la construction de beaucoup de maisons du même type.

On comprend que l'établissement d'un grand nombre de telles maisons permette de réaliser des économies importantes.

Malgré ces avantages, les sociétés de ce genre ont obtenu moins de succès que les Land societies.

Beaucoup d'entre elles ont succombé par suite de l'établissement de maisons trop luxueuses dans des quartiers mal choisis.

D'autres ont réussi en achetant des terrains qui renfermaient de la terre à briques.

On établissait des fours de campagne pour cuire les briques faites avec les terres provenant des fondations.

Malgré le prix élevé de la main d'œuvre, grâce aux briques ainsi obtenues et aussi à la fabrication mécanique des divers produits nécessaires à la construction, on arrive en Angleterre à faire des maisons à un prix de revient inférieur à celui que l'on atteint en France.

Le fonctionnement de ces Sociétés et celui des Land societies est analogue à celui des Building societies que nous allons étudier plus loin.

A Paris, les Land and Building societies auraient beaucoup de succès, car nombre de grands terrains contiennent des matériaux de construction, soit du moëllon, soit du sable.

J'ai trouvé à acheter deux terrains contenant l'un du sable avec cailloux, l'autre du moëllon, sur lesquels j'ai pu établir des maisons comprenant chacune trois pièces et une cuisine, pour le prix de 3,600 francs.

C'est grâce au sable qui se trouvait dans le terrain d'Auteuil que j'ai pu établir des maisons pour 3,600 fr., clefs en mains.

Les Building societies anglaises ont pour objet de prêter aux personnes, qui désirent devenir propriétaires, la somme nécessaire pour construire, et de leur donner la faculté de se libérer par des versements mensuels d'une valeur d'autant plus faible qu'ils doivent être continués plus longtemps.

Les Sociétés de ce genre sont celles qui rendent le plus de services aux Anglais.

Elles sont très nombreuses et très variées.

Néanmoins, on peut les diviser en deux catégories :

Les Sociétés temporaires et les Sociétés permanentes.

Les Sociétés temporaires sont des espèces de tontines ; chaque membre verse une certaine somme dans la caisse commune.

Aussitôt que les fonds recueillis sont suffisants pour l'achat d'une maison, on prête cet argent avec les garanties nécessaires au membre qui en fait la demande.

On lui donne le temps qu'il faut pour s'acquitter et on continue ainsi jusqu'à ce que tous les membres possèdent, soit une maison, soit un terrain, soit une somme d'argent.

Les Sociétés temporaires ont beaucoup d'inconvénients, — dont le moindre pour les sociétaires est celui d'obtenir un lot la dernière année de la Société.

Ces Sociétés ne sont usitées que parce que leur administration est faite gratuitement, à temps perdu, par les membres, et donne lieu, par conséquent, à très peu de frais.

Nous ne croyons pas qu'elles puissent être établies utilement à Paris.

Il n'en est pas de même des Sociétés permanentes, qui sont de véritables banques populaires, et qui ont rendu des milliers d'ouvriers propriétaires de leurs demeures.

Nous avons consacré à ce sujet un chapitre spécial dans l'ouvrage sur les habitations ouvrières dans tous pays, que nous avons fait en collaboration avec M. E. Muller; par conséquent, nous ne décrirons ici leur fonctionnement qu'en peu de mots.

Marche à suivre pour obtenir un prêt d'argent.

Quand une personne a besoin d'argent pour construire une maison ou pour améliorer un immeuble, elle fait une demande à la Société.

Le conseil d'administration fait examiner les titres de la propriété par un avoué plaidant et évaluer sa valeur par un architecte.

Ces deux messieurs adressent un rapport au conseil d'administration, qui statue.

En huit jours, un prêt peut être effectué dans une building société bien établie.

Généralement, on prête les trois quarts de la valeur d'un cottage, car il est rare qu'un petit propriétaire fasse de mauvaises affaires, et en cas de malheur une maison se vend généralement plus cher que son prix de revient.

Quand on veut construire et que les titres de propriété sont réguliers, on obtient de l'argent au fur et à mesure de l'avancement des travaux, sur le vu du certificat délivré par l'architecte.

Formation des capitaux des Building societies.

Les capitaux des Building societies sont représentés par des actions libérées ou non libérées.

1° Les actions sont libérées soit au comptant, soit par des petits acomptes portant intérêts à partir du jour de leurs versements.

La création des actions libérables par petits versements a été faite pour remplir le rôle des caisses d'épargne.

Les caisses d'épargne ne donnent guère que 3 1/2 0/0 d'intérêts, tandis que les Building sociétés desservent généralement 5 0/0 d'intérêts aux actionnaires, plus une prime ou une part dans les bénéfices.

2° Les Building sociétés acceptent des dépôts d'argent ; elles paient un intérêt d'autant plus élevé que le terme de remboursement est plus éloigné.

Le remboursement des sommes prêtées s'opère par versements hebdomadaires, mensuels, trimestriels, semestriels, annuels.

Leur durée varie de 1 à 21 ans.

Il est très rare de voir dépasser ce terme.

Amendes.

Des amendes sont infligées aux membres qui ne paient pas régulièrement leurs cotisations.

Le produit de ces amendes est quelquefois très élevé.

Ainsi dans un procès récent, un membre prouva que l'argent qu'il avait reçu avait été, par suite des amendes infligées, prêté à un taux fabuleux.

Ce membre fut condamné par le juge, forcé de suivre le texte de la loi en vertu duquel tout acte enregistré doit recevoir sa pleine et entière exécution.

5° Les primes existent dans les petites sociétés où l'on ne dispose pas de capitaux suffisants pour faire face aux demandes.

Dans ces sociétés on divise ordinairement les fonds disponibles en lots, qui sont distribués :

1° A tour de rôle d'inscription ;

2° A celui qui offre la plus forte prime, par soumission cachetée ;

3° Aux enchères.

Les trois modes ont leurs inconvénients :

Le premier met de l'argent à la disposition de membres qui peuvent n'être pas prêts à le recevoir.

Les deux autres élèvent le taux de l'argent prêté.

Comme l'argent est employé pour construire, il est certain que l'acquéreur fait une bonne affaire,

Ainsi, par exemple, un homme paie 400 francs de loyer pour une maison qui vaut 6,000 francs. Il emprunte 4,500 francs à une building-société qui les lui prête moyennant le paiement de 360 francs pendant vingt ans. D'un autre côté, il aurait retiré 45 francs des 1,500 francs qu'il paiera comptant pour devenir propriétaire.

Donc, rien que par le fait d'habiter sa maison ou du moins de payer son loyer, le locataire peut bénéficier d'une maison qu'il peut vendre à un prix qui constituera son bénéfice.

Ce résultat se comprend aisément, car, d'une part, les building-sociétés achètent de grands terrains et les revendent en détail à leurs clients au prix du gros ; et, de l'autre, leurs entrepreneurs, assurés de faire toujours un grand nombre de maisons du même type, font de grands rabais sur les prix ordinaires de la construction.

Bien peu de building-sociétés ont fait de mauvais affaires.

Plusieurs de ces Sociétés sont très puissantes, ainsi la Birkbeck society récolte pour cent vingt millions de dépôts par an. Ces sociétés font très peu de pertes. Le secrétaire de l'une d'elles nous a affirmé que depuis trente ans qu'il exerce ses fonctions, il n'a jamais vu la société perdre une créance reposant sur une petite maison.

A Paris, l'établissement d'un Building society rendrait d'immenses services, car le terrain devient de plus en plus rare, et il serait urgent de faire créer des villages aux environs par des sociétés d'ouvriers.

La population de Paris augmente tous les ans, mais il n'en

est pas de même du terrain à bâtir. C'est pour cette raison que toutes les personnes qui ont quelques fonds à placer et qui n'ont pas de connaissances suffisantes pour les utiliser autrement, achètent des terrains, attendant patiemment qu'ils aient acquis une plus-value considérable pour s'en défaire.

L'exemple donné par la Société coopérative immobilière des ouvriers montre combien il est difficile pour les ouvriers de créer une société à Paris.

La cause principale provient de ce que les ouvriers ne se rendent pas compte de ce que vaut un bon directeur.

Une société créée par des ouvriers met du temps pour obtenir des résultats.

Ainsi la Société coopérative immobilière des ouvriers de Paris a reçu cinq cent mille francs de l'Empereur, ses membres ont fourni cent mille francs.

Aujourd'hui elle possède des immeubles rapportant quarante mille francs, mais elle doit deux cent mille francs au Crédit foncier ; son capital n'a donc guère augmenté.

Cinq cent mille francs placés en maisons auraient dû doubler depuis 1857.

L'insuccès relatif de la Société des ouvriers de Paris provient principalement des frais d'administration.

Aujourd'hui ces frais sont réduits à cinq mille francs par an.

Un gérant d'immeubles ne demanderait que deux mille francs pour gérer des immeubles rapportant quarante mille francs ; donc la Société aurait intérêt à faire gérer ses immeubles tant qu'ils n'auront pas acquis une valeur triple.

Presque toutes les Sociétés coopératives fondées à Paris ont sombré, parce que le gérant n'était pas convenablement rémunéré.

Quand un gérant est mal payé, s'il n'est pas incapable, il s'établit pour son compte aussitôt qu'il le peut, et il emporte avec lui la clientèle de la maison qu'il dirigeait.

Pour avoir un bon gérant, il faut faire de grandes affaires et par suite manier de grands capitaux.

Pous toutes ces raisons, nous croyons que pour fonder une Building society à Paris, il faudra commencer par en composer une avec des hommes habitués au mouvement des affaires et y intéresser graduellement les ouvriers.

Nous proposons de fonder le Crédit foncier populaire, au capital de un million de francs.

Le capital sera divisé en 2,000 actions de 500 fr., libérables par quarts.

Ces actions seront productives d'intérêts à 5 0/0 par an et auront droit à des dividendes.

La Société devra employer cinq cent mille francs en achats de terrain et à la construction de quelques maisons.

Ces maisons et terrains seront vendus par annuités.

La Société émettra alors des obligations en nombre suffisant pour représenter les créances provenant de la vente par annuités des terrains et des maisons.

Ces obligations seront émises au capital nominal de cent francs ; elles produiront des intérêts au taux de 5 0/0 par an et elles seront remboursables au pair au fur et à mesure des rentrées.

Elles seront prises et libérées par les acquéreurs des terrains et des maisons au moyen de petits versements qui seront compris dans la valeur des annuités fixée par le contrat d'acquisition.

Tout porteur d'obligation devrait avoir le droit d'assister aux séances générales de la Société ; dans tous les cas, il recevra chaque année un compte-rendu des opérations faites par elle.

Tout porteur de cinq obligations libérées pourra les échanger contre une action et aura droit à tous les dividendes.

En opérant de cette façon, les actionnaires primitifs se retireront peu à peu et seront remplacés par des ouvriers qui, par suite des facilités qu'on leur aura accordées, connaîtront la marche de la Société.

L'autre moitié du capital sera prêté aux personnes qui voudront construire à leur guise, suivant des plans approuvés, et qui s'engageront à le rembourser par annuités.

Pour rembourser l'argent ainsi dépensé, on créera une nouvelle série d'obligations, payables par petits versements, et qui pourront être également échangées contre des actions.

Comme l'argent ne rapporte que 3 0/0 à la caisse d'épargne, les acquéreurs par annuités auront le plus grand intérêt à acheter des obligations au moyen de petits versements, qui seront placés à intérêts composés, au taux de 5 0/0 l'an, et qui leur permettront de devenir actionnaires d'une Société ou d'acquérir des propriétés à leur choix.

- Quand toutes les actions seront entre les mains des ouvriers, ces derniers auront entre les mains une affaire montée, qu'il leur sera facile de faire marcher.

TROISIÈME PARTIE

PROJET DE STATUTS DE LA SOCIÉTÉ PARISIENNE
DES HABITATIONS ÉCONOMIQUES

Les soussignés, désireux d'appliquer à Paris l'idée si heureusement expérimentée et mise en pratique en divers centres, notamment en Alsace, de construire des habitations *à bon marché*, et de permettre aux personnes peu fortunées au début, mais voulant et pouvant réaliser des économies successives, d'en devenir propriétaires au bout d'un certain nombre d'années par le système de l'amortissement, ont résolu de fonder une Société étrangère à toute idée de spéculation, et dont le capital aurait pour toute rémunération un intérêt maximum de 4 pour 100 l'an.

Ces principes établis, ils ont arrêté les Statuts de la Société de la manière suivante :

TITRE PREMIER

Objet de la Société. — Dénomination. — Siège. — Durée.

ARTICLE PREMIER.

Il est formé entre les soussignés et ceux qui adhéreront aux présents statuts, par la souscription des actions ci-après

créées, une Société anonyme dans les termes de la loi du
24 juillet 1867.

Cette Société a pour objet :

1° L'achat, l'échange, la mise en valeur et la revente de
terrains, sis à Paris ou aux environs, en tels lieux qui seront
jugés convenables et propres par leur situation, les facilités
de communication, la modicité de leur prix, à recevoir des
constructions spécialement destinées à des logements d'un
prix aussi modéré que possible, ainsi que les dépendances
nécessaires ;

2° L'achat, l'échange, la mise en valeur et la revente dans
les mêmes conditions de tous immeubles et leur appropriation
conformément au but de la Société ;

3° L'édification sur tout ou partie de ces terrains, la trans-
formation et l'aménagement de toutes constructions conformément aux systèmes expérimentés ou à expérimenter, mais ré-
pondant le mieux au but de la Société ;

4° La cession et la rétrocession des immeubles de la Société,
en facilitant aux acquéreurs leur libération par toutes voies,
tous modes de paiement à terme ou anticipé, notamment au
moyen d'un amortissement à court ou à long terme, soit pur
et simple, soit combiné ou se confondant avec le montant ou
le versement des loyers, dans les conditions déterminées par
le contrat d'acquisition ;

5° La location pure et simple ou avec promesse de vente
des immeubles de la Société ; le rachat, s'il y a lieu, des immeubles vendus ;

6° La formation de sociétés ou de syndicats pour tout établissement d'utilité commune et générale, comme école, cercle,
marché, bains, lavoir, etc....;

7° L'ouverture, pour les opérations ci-dessus exclusivement,
de crédits et comptes courants sur hypothèque, antichrèse ou

nantissement avec faculté de remboursements avec ou sans amortissement ;

8° La Société peut recevoir, mais uniquement de ses locataires ou acquéreurs de ses maisons ou des personnes désireuses de le devenir, des sommes qui lui seront versées en dépôt et qui pourront être productives d'intérêts, le tout dans les conditions et limites déterminées par le Conseil d'administration ;

9° Enfin, la Société peut faire, en général, toutes les opérations se rapportant au but ci-dessus défini.

ARTICLE 2.

La Société prend la dénomination de *Société Parisienne des Habitations économiques*.

ARTICLE 3.

La durée de la Société est fixée à quatre-vingt-dix ans, à compter du jour de sa constitution définitive.

ARTICLE 4.

Le siège de la Société est à Paris, provisoirement quai Saint-Michel, n° 25.

Il pourra être ultérieurement transféré dans tout autre endroit, à Paris, par simple décision du Conseil d'administration.

TITRE III

Fonds social. — Actions et Obligations.

ARTICLE 5.

Actions. — Le fonds social est fixé à
et divisé en actions nominatives de 500 francs chacune.

Il pourra être augmenté en une ou plusieurs fois, en vertu d'une délibération de l'Assemblée générale, prise sur la proposition du Conseil d'administration.

Le Conseil fixera les conditions de l'émission nouvelle.

ARTICLE 6.

Obligations. — En outre, la Société pourra émettre successivement, après autorisation de l'Assemblée générale, des obligations, bons ou autres engagements de même nature, et jusqu'à concurrence des sommes que déterminera chaque assemblée.

Le mode d'émission, la forme des titres, le taux d'intérêt et les conditions de remboursement seront déterminés par le Conseil d'administration.

ARTICLE 7.

Chaque action donne droit, sans distinction, à une part égale dans la propriété du fonds social.

Les dividendes de toute action sont valablement payés au porteur du coupon.

Le montant des actions est payable au moment de la souscription, savoir :

125 fr. au moment de la souscription ;

375 fr. un mois après la constitution définitive de la Société.

Tout souscripteur aura le droit de se libérer du second versement par anticipation, auquel cas il lui sera bonifié un intérêt de 4 0/0 l'an.

ARTICLE 8.

Le premier versement est constaté par un récépissé nominatif, qui sera, lors du dernier versement, échangé contre le titre définitif.

Ce titre définitif d'action est au porteur ou nominatif, au choix de l'actionnaire.

Tout versement en retard porte intérêt de plein droit en faveur de la Société, au taux de 5 0/0 l'an, à compter du jour de l'exigibilité, et sans aucune mise en demeure, sans préjudice des droits qu'aura toujours la Société de poursuivre les retardataires par les voies légales.

ARTICLE 9.

La Société pourra, soit distinctement de la poursuite personnelle, soit concurremment avec elle, faire vendre les actions que les porteurs n'auront pas libérées en temps utile. A cet effet, les numéros des actions seront publiés dans les journaux désignés pour les annonces légales, et, quinze jours après cette publication, la Société, sans mise en demeure et sans formalité judiciaire, fera procéder à la vente de ces actions *sur duplicata* à la Bourse de Paris, et par le ministère d'agent de change, ou, si les titres ne sont pas cotés, par le ministère et en l'étude d'un notaire de Paris.

Les titres des actions ainsi vendus par duplicata deviendront nuls de plein droit ; il sera délivré aux acquéreurs de nouveaux titres sous les mêmes numéros.

La vente, faite dans les conditions ci-dessus, aura lieu aux risques et périls du retardataire. Le prix de la vente s'imputera dans les termes de droit sur ce qui sera dû à la Société par l'actionnaire exproprié, qui restera passible du déficit ou profitera de l'excédent.

ARTICLE 10.

Les titres définitifs sont extraits de registres à souche, numérotés, frappés du timbre sec de la Société et revêtus de la signature des deux administrateurs.

ARTICLE 11.

La cession des titres nominatifs s'opère par une déclaration inscrite sur les registres de la Société, signée par le cédant et le cessionnaire ou leurs mandataires.

Les titres au porteur se transmettent par la simple tradition.

ARTICLE 12.

Tout propriétaire de titres libérés a la faculté, à toute époque, de convertir à ses frais les titres nominatifs en titres au porteur et réciproquement.

ARTICLE 13.

Le Conseil d'administration pourra autoriser le dépôt et la conservation des titres soit dans la caisse sociale, soit dans toute autre caisse qu'il désignera. Il déterminera la forme des certificats de dépôt, le mode de leur délivrance, les frais auxquels le dépôt pourra être assujetti et les garanties dont l'exécution de cette mesure doit être entourée dans l'intérêt de la Société et des actionnaires.

ARTICLE 14.

Les droits et obligations attachés à l'action suivent le titre dans quelque main qu'il passe.

La possession de l'action emporte de plein droit adhésion aux statuts de la Société et aux délibérations de l'Assemblée générale.

ARTICLE 15.

Toute action est indivisible à l'égard de la Société, qui n'en reconnaît aucun fractionnement.

Tous les propriétaires indivis d'une action sont tenus de se faire représenter auprès de la Société par une seule et même personne.

Les héritiers ou ayants cause d'un actionnaire ne peuvent, pour quelque motif que ce soit, provoquer l'apposition des scellés sur les biens et valeurs de la Société, ni s'immiscer en aucune manière dans son administration ; ils doivent, pour l'exercice de leurs droits, s'en rapporter aux inventaires sociaux et aux délibérations de l'Assemblée générale.

ARTICLE 16.

En cas de perte d'un titre nominatif, la Société ne peut être tenue d'en livrer un nouveau que moyennant caution, conformément à la loi.

ARTICLE 17.

Les actionnaires ne seront engagés que jusqu'à concurrence du capital de chaque action ; au-delà, tout appel de fonds est interdit.

TITRE III

Administration.

ARTICLE 18.

La Société est administrée par un conseil composé de cinq membres au moins et de neuf au plus, nommés par l'Assemblée générale.

Par exception, le premier conseil se composera, pour les trois premières années, de :

1° M.

2° M.

3° M.

A l'expiration de ces trois années, les membres de ce conseil pourront être indéfiniment réélus, conformément à l'article 21 ci-dessous.

Le nombre des membres peut être augmenté par décision de l'Assemblée générale des actionnaires.

Les fonctions d'administrateur sont gratuites.

ARTICLE 19.

Chaque administrateur doit être propriétaire de cinq actions, qui sont inaliénables péndant la durée de ses fonctions et affectées à la garantie de sa gestion.

Les titres de ces actions sont déposés dans la caisse sociale et frappés d'un timbre indiquant l'inaliénabilité.

ARTICLE 20.

Les administrateurs sont nommés par l'Assemblée générale au scrutin secret; toutefois, le vote peut avoir lieu par assis et levé lorsque ce mode de procéder ne soulève aucune réclamation.

ARTICLE 21.

Les fonctions des administrateurs durent six années ; ils peuvent être réélus. Leur remplacement s'opère : pour la première période par voie de tirage au sort, et ensuite par voie d'ancienneté.

En cas de décès, de démission ou empêchement d'un membre du Conseil d'administration, il est pourvu à son remplacement par l'Assemblée générale.

Toutefois, le Conseil d'administration peut pourvoir provisoirement aux nominations nécessaires pour que le nombre des membres du Conseil d'administration soit maintenu au complet.

L'Assemblée générale, lors de la première réunion, procède à l'élection définitive.

L'administrateur ainsi nommé en remplacement d'un autre ne reste en exercice que jusqu'à l'époque où devaient expirer les fonctions de celui qu'il remplace.

ARTICLE 22.

Chaque année le Conseil nomme parmi ses membres un président et un vice-président.

En cas d'absence du président et du vice-président, le Conseil désigne, pour chaque séance, celui des membres présents qui doit en remplir les fonctions.

Le président et le vice-président peuvent toujours être réélus.

ARTICLE 23.

Le Conseil d'administration se réunit aussi souvent que l'intérêt de la Société l'exige et au moins une fois par trimestre.

ARTICLE 24.

Les délibérations sont prises à la majorité des membres présents. En cas de partage, la voix du président est prépondérante.

Nul ne peut voter par procuration dans le sein du Conseil.

La présence d'au moins trois membres est nécessaire pour la validité des délibérations.

ARTICLE 25.

Les délibérations sont constatées par des procès-verbaux inscrits sur un registre et signés par le membre qui aura présidé la séance.

Les copies ou extraits de ces délibérations à produire en justice ou ailleurs sont certifiés par le président du Conseil ou le membre qui en remplit les fonctions.

ARTICLE 26.

Le Conseil d'administration est investi des pouvoirs les plus étendus pour l'administration et la gestion de la Société.

Il fixe les dépenses générales de l'administration. Il passe et autorise toutes les conventions, les marchés de toute nature et les achats, ventes ou échanges d'immeubles. Il autorise tous contrats en participation avec des Sociétés ou des particuliers.

Il autorise, effectue ou ratifie les achats de terrains et autres immeubles à l'amiable ou aux enchères.

Il autorise également l'achat des matériaux et autres objets nécessaires aux opérations.

Il autorise la recette des prix de ventes et soultes d'échanges, l'encaissement même avant l'échéance de toutes sommes généralement dues à la Société en principal et accessoires, et en donne quittance.

Il autorise tous baux et locations.

Il autorise et consent toutes main levées d'opposition ou d'inscription hypothécaire, ainsi que tous désistements de privilège et droits réels avec ou sans paiement.

Il exerce toutes actions judiciaires, tant en demandant qu'en défendant ; il passe tous traités, transactions, compromis.

Il autorise la réception de dépôts et en détermine les conditions et limites.

Il détermine le placement des fonds disponibles et règle l'emploi de la réserve.

Il autorise tous retraits, transferts et aliénations de fonds, rentes et valeurs appartenant à la Société ; il donne toutes quittances.

Il arrête les règlements relatifs à l'organisation du service.

Il nomme ou révoque tous les employés et agents, détermine

leurs attributions, fixe leur traitement, et, s'il y a lieu, le chiffre de leur cautionnement ; il en autorise la restitution.

Il arrête les comptes qui doivent être soumis à l'Assemblée générale.

Il fait un rapport à l'Assemblée générale des actionnaires sur les comptes et sur la situation des affaires sociales.

Il pourvoit, s'il y a lieu, à l'émission des titres dont il est question dans l'article 6 et contracte tous les emprunts et engagements avec ou sans hypothèque.

Enfin, il gère généralement toutes les affaires et pourvoit à tous les intérêts de la Société, les pouvoirs ci-dessus n'étant qu'indicatifs et non limitatifs de ses droits.

ARTICLE 27.

Le Conseil d'administration peut déléguer ses pouvoirs à un ou plusieurs de ses membres par un mandat spécial et pour une ou plusieurs affaires déterminées.

Il pourra aussi conférer pour les affaires courantes des pouvoirs permanents à un administrateur délégué ou à un directeur, qui agiront suivant les décisions du Conseil, lequel fixera leurs émoluments, s'il considère qu'il y a lieu de leur en accorder.

Il peut conférer à une ou plusieurs personnes, même étrangères au Conseil, les pouvoirs que rendrait nécessaires la bonne administration de l'entreprise.

ARTICLE 28.

Les membres du Conseil d'administration ne contractent, à raison de leur gestion, aucune obligation personnelle, ni solidaire relativement aux engagements de la Société. Ils ne répondent que de l'exécution de leur mandat.

TITRE IV

Commissaires

ARTICLE 29.

Il est nommé chaque année, en Assemblée générale, un ou plusieurs commissaires, associés ou non, exerçant la mission de vérification et de surveillance et les attributions que leur confère la loi.

TITRE V

Assemblée Générale

ARTICLE 30.

L'Assemblée générale, régulièrement constituée, représente l'universalité des actionnaires.

Elle se réunit à Paris, chaque année, après la clôture de l'exercice.

En outre, le Conseil d'administration peut convoquer extraordinairement une Assemblée générale toutes les fois qu'il en reconnaît l'utilité.

ARTICLE 31.

Tout titulaire ou porteur de cinq actions est de droit membre de l'Assemblée générale.

Nul ne peut être porteur de pouvoirs d'actionnaires s'il n'est actionnaire lui-même. La forme des pouvoirs est déterminée par le Conseil d'administration.

L'Assemblée générale est régulièrement constituée lorsque les actionnaires présents réunissent, soit par eux-mêmes, soit comme mandataires, le quart des actions.

Dans le cas où, sur la première convocation, les actionnaires présents ne rempliraient pas là condition ci-dessus imposée pour constituer l'Assemblée générale, il est procédé à une seconde convocation, au moins à 15 jours d'intervalle.

Les délibérations prises par l'Assemblée générale dans cette seconde réunion sont valables, quel que soit le nombre des actionnaires présents et des actions représentées ; mais elles ne peuvent porter que sur les objets mis à l'ordre du jour de la première réunion et indiqués dans les avis de convocation.

Article 32.

Les convocations aux Assemblées générales ordinaires et extraordinaires sont annoncées par un avis inséré, vingt jours au moins avant l'époque de la réunion, dans deux des journaux d'annonces légales de Paris. Ce délai peut être réduit à dix jours dans le cas de la seconde convocation.

La réunion aura lieu à Paris, au lieu désigné par la convocation.

Article 33.

Lorsque l'Assemblée générale est appelée à délibérer :

Sur des projets de réunions, fusions, avec d'autres Compagnies ;

Sur les modifications à apporter aux statuts ;

Sur l'augmentation du fonds social, sur la prorogation ou la dissolution de la Société.

Les convocations doivent contenir l'indication sommaire de l'objet de la réunion.

Article 34.

Les délibérations portant sur les objets indiqués dans l'article précédent ne peuvent être prises que dans une Assemblée générale, réunissant au moins la moitié des actions.

ARTICLE 35.

L'Assemblée générale est présidée par le président du Conseil d'administration, et, en cas d'empêchement, par le vice-président.

Les deux plus forts actionnaires présents à l'ouverture de la séance remplissent les fonctions de scrutateurs, et, sur leur refus, les deux plus forts actionnaires après eux, jusqu'à acceptation.

Le secrétaire est désigné par le bureau.

ARTICLE 36.

L'Assemblée générale entend le rapport du Conseil d'administration sur la situation des affaires sociales et celui du ou des commissaires sur les comptes.

Elle entend et discute les comptes et les approuve, s'il y a lieu.

La délibération portant approbation du bilan et des comptes est nulle si elle n'a été précédée des rapports des Commissaires.

Elle nomme les Administrateurs et les Commissaires.

Enfin, elle prononce souverainement, en se renfermant dans les limites des statuts, sur tous les intérêts de la Société, et confère par ses délibérations, au Conseil d'administration, les pouvoirs nécessaires pour les cas qui n'auraient pas été prévus.

ARTICLE 37.

Les délibérations de l'Assemblée générales sont prises à la majorité des voix des membres présents ou représentés.

Les votes sont exprimés par assis et levé, à moins que le scrutin secret ne soit demandé.

Le scrutin secret a lieu lorsqu'il est réclamé par cinq membres au moins.

Il est compté à chaque actionnaire autant de voix qu'il a de fois vingt actions, sans toutefois que le même actionnaire puisse avoir plus de dix voix, y compris, s'il y a lieu, celle de ses mandants.

ARTICLE 38.

Les délibérations de l'Assemblée générale prises conformément aux statuts obligent tous les actionnaires, même absents ou dissidents.

Elles sont constatées par des procès-verbaux signés par tous les membres du bureau, ou au moins par la majorité d'entre eux.

ARTICLE 39.

Une feuille de présence destinée à constater le nombre des membres assistant à l'assemblée et celui des actions représentées par chacun d'eux demeure annexée, ainsi que les pouvoirs, à la minute du procès-verbal de l'Assemblée générale.

Cette feuille est signée par chaque actionnaire en entrant en séance.

ARTICLE 40.

La justification à faire vis-à-vis des tiers des délibérations de l'Assemblée résulte des copies ou extraits certifiés conformes par le président du Conseil d'administration.

TITRE VI

Comptes annuels. — Dividendes. — Fonds de réserve.

ARTICLE 41.

Il sera dressé, au 30 juin de chaque année, un état sommaire de la situation des affaires de la Société, et, au 31 décembre, un inventaire général de l'actif et du passif. Cet inventaire sera soumis à l'Assemblée générale des actionnaires dans sa réunion annuelle.

Ces documents devront être remis aux Commissaires dans les délais prévus par la loi.

ARTICLE 42.

Les produits de l'entreprise serviront d'abord à acquitter les dépenses d'entretien, les frais d'administration, l'intérêt et l'amortissement des emprunts s'il en avait été contracté, et généralement toutes les charges sociales.

ARTICLE 43.

Après l'acquittement des charges, il sera prélevé chaque année un vingtième pour constituer un fonds de réserve, jusqu'à ce qu'il ait atteint le dixième du capital social.

Le surplus constituera le bénéfice net, mais étant rappelé le but et le caractère de la Société, il n'y aura point, à proprement parler, de dividendes en dehors d'une allocation maximum de 4 pour 100 l'an du capital versé.

En conséquence, ce bénéfice net sera appliqué :

1° Au service de cette allocation de 4 pour 100 au capital action ;

2° Et au cas d'excédant, à la constitution d'un fonds de réserve extraordinaire, mais disponible immédiatement entre les mains du Conseil, ou à tout autre emploi que le Conseil jugera favorable à l'intérêt social et au développement de l'influence bienfaisante de la Société ou des opérations s'y rattachant.

TITRE VII

Modifications aux statuts. — Dissolution. — Liquidation.

ARTICLE 44.

Si l'expérience faisait reconnaître la nécessité d'apporter des modifications ou additions aux présents statuts, l'Assemblée générale est autorisée à y pourvoir dans la forme déterminée par les articles 34 et 35 qui précèdent.

ARTICLE 45.

Le Conseil d'administration peut, à toute époque et pour quelque cause que ce soit, proposer à une Assemblée générale extraordinaire la dissolution anticipée et la liquidation de la Société.

La perte des deux tiers du capital social entraîne de plein droit la dissolution de la Société.

A l'expiration de la Société, ou en cas de dissolution anticipée, l'Assemblée générale, sur la proposition du Conseil d'administration, règle le mode de liquidation et nomme, s'il y a lieu, des liquidateurs.

Toutes les valeurs provenant de la liquidation seront employées, avant toute répartition, entre les actionnaires, à l'extinction du passif. Les liquidateurs pourront, en vertu d'une délibération de l'Assemblée générale, faire le transport à une autre Société des droits, actions et obligations de la Société dissoute.

De plus, pendant la durée de la liquidation, les pouvoirs de l'Assemblée générale se continuent ; elle a notamment le droit d'approuver les comptes de la liquidation et d'en donner quittance.

La nomination des liquidateurs met fin aux pouvoirs des administrateurs.

TITRE VIII

Contestations.

ARTICLE 46.

En cas de contestation, tout actionnaire devra faire élection de domicile à Paris, et toutes notifications et assignations seront valablement faites au domicile par lui élu, sans égard à la distance du domicile réel.

A défaut d'élection de domicile expresse, cette élection aura lieu de plein droit, pour les notifications judiciaires, au parquet du procureur de la République près le tribunal de première instance de la Seine.

Le domicile élu formellement ou implicitement, comme il vient d'être dit, entraînera attribution de juridiction aux tribunaux compétents du département de la Seine.

De convention expresse, aucun actionnaire ne pourra intenter une demande en justice contre la Société, sans que cette demande ait été préalablement déférée à l'Assemblée générale des actionnaires, dont l'avis devra être soumis aux tribunaux compétents en même temps que la demande elle-même.

TITRE IX

Conditions de constitution de la Société.

ARTICLE 47.

La présente Société ne sera définitivement constituée qu'après :

1° Que toutes les actions auront été souscrites, et qu'il aura été versé au moins un quart sur chacune d'elles, ce qui, sera constaté par la déclaration des soussignés, faite par acte notarié ;

2° Qu'une Assemblée générale, où tous les actionnaires auront le droit d'assister, et dont les membres représenteront la moitié au moins du capital social, aura reconnu la sincérité de la déclaration de souscription et de versement.

Chaque personne figurant à cette Assemblée aura au moins une voix et autant de voix qu'elle représentera de fois dix actions, mais sans pouvoir cependant jamais avoir plus de dix voix, maximum légal en pareille matière.

Cette Assemblée sera convoquée par la voie d'annonces, dans un des journaux de Paris chargé des publications légales en matière de Société.

Dans le cas où cette Assemblée ne réunirait pas la moitié du capital, ses résolutions ne seraient que provisoires, et il serait procédé comme il est indiqué au 3° paragraphe de l'article 30 de la loi du 24 juillet 1867.

TITRE X

Publications.

ARTICLE 48.

Pour faire publier les présents Statuts, l'acte de déclaration de souscription et de versement, et les procès-verbaux de l'Assemblée générale constitutive de la Société, tous pouvoirs nécessaires sont donnés au porteur d'une expédition ou d'une copie de ces divers actes.

OBSERVATIONS SUR LES STATUTS DE LA SOCIÉTÉ PARISIENNE DES HABITATIONS ÉCONOMIQUES

Les statuts de la Société parisienne des Habitations économiques ont été établis sur les avis et conseils de Me Marcellin-Estibal , ancien principal clerc de notaire à Paris , actuellement avocat à la cour d'appel de Paris, avec le concours de M. Hickel, ancien notaire des cités ouvrières de Mulhouse, et de M. Jacques Siegfried qui devait être président de la Société, en raison de sa compétence spéciale dans ces questions par lui étudiées depuis longtemps.

Nous avions primitivement adopté la forme civile, pour éviter les formalités de publicité, les frais de patente et toutes les conséquences de la commercialité ; mais, comme dans une société civile chaque membre est responsable, non pas uniquement du montant d'une mise quelconque, mais de la totalité des pertes possibles de la société, sauf bien entendu l'effet de recours et subdivision entre associé, il en résultait qu'en souscrivant une seule action, on pouvait s'exposer à perdre une forte somme ; c'est pourquoi nous avons adopté la forme d'une société anonyme. Dans une société de ce genre, on n'est plus exposé qu'à la perte du montant des actions souscrites.

Toutefois, cette décision a été prise et mise en pratique plutôt pour calmer des craintes exagérées, qu'en vue d'un danger réel à courir par les actionnaires. Nous ne croyons pas qu'une société, qui a pour but de construire des habitations économiques dans une ville comme Paris, puisse faire de mauvaises affaires, quant elle est administrée avec désintéressement et honnêteté. Du moment qu'on ne donne que 4 pour 100 au plus aux actionnaires, on éloigne les spéculateurs ; de plus, en fixant les prix des logements de façon à ne faire rapporter que 4 pour 100 net à l'argent dépensé pour les construire, on a la certitude de pouvoir choisir ses locataires, ainsi que le prouvent les nombreuses demandes faites à la société de Passy-Auteuil pour acquérir les dix maisons que je lui ai cédées à prix coûtant.

Nous avons porté le chiffre des actions à 500 francs entièrement libérées, parce que dans les sociétés de cette nature il

faut savoir profiter d'un premier et bon mouvement de générosité. Nous croyons, pour notre compte, que ce mode de
libération est excellent pour des actions de 100 francs, car
alors il évite des frais de recouvrement et d'écritures ; mais,
quand il s'agit d'une action de 500 francs, il nous semble que
la majorité des personnes préféreront une libération partielle
et échelonnée.

Nous avons donné au conseil d'administration le pouvoir
d'émettre des obligations, car la vente des maisons par annuités immobilisait nos capitaux.

En émettant des obligations remboursables par annuités, on
rend disponibles immédiatement les créances à long terme ;
de plus, on offre aux personnes d'ordre la facilité de placer
leurs économies à un taux plus élevé que celui de la caisse
d'épargne. Les petits propriétaires empruntent généralement
de l'argent à un taux très élevé, parce que le Crédit foncier
avance des sommes dérisoires sur les petites propriétés. Donc
si une société leur prêtait de l'argent sur hypothèque au taux
de 5 pour 100 l'an, elle parviendrait difficilement à suffire à
toutes les demandes ; certaine de placer de petites sommes,
elle pourrait accepter des dépôts et payer aux déposants un
intérêt convenable.

En Angleterre, des milliers de sociétés sont fondées sur ce
principe, et elles font d'excellentes affaires, quoiqu'elles avancent sur hypothèque les trois quarts de la valeur d'un cottage.
En France, on ne sait pas tirer assez parti de la valeur intrin-
sèque d'un petit propriétaire. Sans doute une valeur qui repose sur un homme dépend de beaucoup de circonstances.
Mais comme une société traite généralement avec beaucoup
d'individus et que tous ses clients ne tombent pas malades en
même temps, il en résulte qu'en opérant avec des personnes qui
n'ont que leur valeur personnelle pour toute fortune, elle

n'encourt que les risques présentés par n'importe quelle affaire industrielle.

Ainsi, en Allemagne, les sociétés de crédit qui reposent sur la valeur personnelle des petits patrons réalisent des bénéfices importants. En Angleterre, les building-societies, qui avancent de l'argent sur cottages, perdent très rarement la valeur d'une créance. Il est très rare qu'on soit forcé d'exproprier un petit propriétaire, et quand ce fait arrive, la maison se vend généralement plus cher que son prix de revient ; par suite la société rentre dans ses déboursés.

Les statuts arrêtés, nous avons envoyé quatre mille exemplaires de la circulaire que nous reproduisons plus loin, à toutes les notabilités financières de la capitale.

Le résultat a été nul. Les souscripteurs d'une œuvre susceptible de rapporter seulement 4 pour 100 d'intérêt, ne cèdent qu'à des instances personnelles et de vive voix ; or, ces visites exigent un dévouement, un temps et une abnégation qui ne sauraient convenir à beaucoup de caractères et sont souvent en contradiction avec bien des situations sociales et professionnelles.

C'est ce qui est arrivé pour M. Siegfried et pour l'auteur même de la présente étude. Nous avons donc abandonné le projet de fonder la Société parisienne des Habitations économiques. Son but a été repris par la Société anonyme de Passy-Auteuil pour les habitations ouvrières, établie au capital de 200,000 francs. Les actions de cette Société sont de 100 francs au lieu d'être de 500 francs. Le capital de 200,000 francs n'est pas encore souscrit; mais grâce à MM. Dietz-Monnin et Emile Meyer qui ont souscrit 100,000 francs en une fois et à MM. de Plasman et Meyer qui ont réuni 30,000 francs, à M. Carré qui a bien voulu construire les dix maisons que j'apporte à la Société, dans les mêmes conditions que si je lui en avais commandé une centaine, la Société pourra fonctionner comme société type et principalement d'étude et d'application pratique, c'est-à-dire destinée à guider les sociétés qui se formeront en province et à l'étranger dans le même sens et les mêmes conditions, et leur donner tous les éléments de vitalité et d'action réunis et mis en œuvre par elle, comme statuts, plans d'habitations, modèles à prix réduits, etc.

CONCLUSION

Les statuts de la Société des Habitations économiques pourraient servir à l'établissement du Crédit foncier populaire qui aurait pour but :

1° D'acheter de vastes terrains, de les bâtir et de les vendre par annuités ;

2° De construire des maisons sur une partie des terrains pour donner de la valeur au reste, et de vendre les propriétés ainsi obtenues, par annuités ;

3° D'avancer aux personnes qui veulent construire elles-mêmes, les trois quarts de la valeur des constructions qu'elles ont l'intention d'élever et de leur donner du temps pour se libérer ;

4° D'émettre des obligations payables par fractions pour faciliter aux travailleurs le placement de leurs épargnes et pour rendre disponible le montant des créances obtenues par des ventes à longues échéances.

REMARQUES.

Nous croyons qu'il faudrait élever le taux de l'intérêt à desservir aux actionnaires et aux déposants ; de plus, il faudrait aussi rémunérer les administrateurs en leur donnant des jetons de présence. En Angleterre, les membres d'une société philanthropique offrent un voyage sur le continent à leurs administrateurs, et il serait utile de suivre une voie analogue en France ; car les affaires deviennent de jour en jour plus difficiles, et il ne suffit plus malheureusement de mettre au service d'une société de la bonne volonté, il faut *une habitude* des affaires que les hommes du monde ne possèdent pas en général.

Devis estimatif de deux maisons établies passage Boileau

Fouilles des caves avec jet sur berge : 6,00 × 7,00 = 42 m.

42 × 1ᵐ de profondeur =	42
Cube des autres parties du mur, environ.	8

Total. . . . . . . 50 mètres cubes.

A 1 fr. 10 en moyenne, 50 × 1,10 = ... 55ᶠʳ »

Remblai avec reprise des terres, étendage et pilonnage. Même cube de 50 mètres à 0.46 ; 50 × 0,46 = ... 23 »

Fondations, murs et rigoles au ras du sol, compris la plus-value de hauteur nécessitée par le contrebas du sol.

$$7,00 \times 1,50 \times 0,30 = 3,150$$
$$14,00 \times 1,50 \times 0,20 = 4,200$$
$$10,00 \times 1,50 \times 0,30 = 4,500$$
$$16,00 \times 0,75 \times 0,30 = 3,600$$
$$2,70 \times 0,75 \times 0,15 = 1,575$$

Cube total . . . 17,025

A 35 fr. le m. de béton aggloméré, murs et rigoles ; 17,025 × 35 = 595 88

Fondation des deux cabinets dans la cour.

$$3,00 \times 0,50 \times 0,20 = 0,308$$
$$6,00 \times 0,75 \times 0,15 = 0,675$$

Cube total . 0,975

A 30 fr. le mètre (rigoles) ; 0,975 × 30 = ... 29 25

Socle sur les deux façades. Développement : 40,00 × 0,50 × 0,30 = 6 m. à 40 fr. le mètre cube de béton aggloméré : 6,00 × 40 = ... 240 »

A reporter 943 13

Report, ... 943 13

Trois pignons mitoyens, soit deux murs, $2 \times 6,00 \times 3,60 \times 0,25$ $= 10,800$ à 45 fr. le mètre cube de béton aggloméré : $10,800 \times 45 =$ . . 486 »

Façades sur cours et jardins développé :

$$28 \times 10 \times 3,25 \times 0,22 = \text{. . . .} \quad 20,020$$
$$\text{Déduction des portes et fenêtres . .} \quad 2,500$$
$$\text{Reste. . . . .} \quad 17,520$$

A 60 fr. le mètre cube de béton aggloméré, briques bourdées, mortier de ciment de Portland ; $17,520 \times 60 =$ 1051 20

Plus-value pour travaux apparents. Jointoiement sur les façades. Remplissage des joints avec plus-value des tableaux et corniches ; $112 \times 1,50 =$ 166 50

Elévation des cabinets.

$$300 \times 2,50 \times 0,11 = 0,825$$
$$2 (2,00 \times 2,00 \times 0,11) = 0,880$$
$$\text{Total. . . . 1,705}$$

A 65 fr. le mètre cube de béton aggloméré, briques bourdées avec mortier de ciment de Portland ; $1,705 \times 65 =$ 110 82

Dallage des cabinets ; 2 mètres superficiels à 5 fr. le mètre en ciment de Portland ; $2 \times 5 =$ . . . . 10 »

Enduit en ciment de Portland à l'intérieur. 4 mètres à 3 fr. le mètre superficiel ; $4 \times 3 =$ . . . . 12 »

Dans la cave : pour les chambres de la tinette. Pour les deux chambres développement de $5,00 \times 2,00 \times 0,11 = 1,100$ à 65 fr. le mètre cube de briques en béton aggloméré = ... 71 50

Enduit en ciment de Portland pour les deux chambres. 10 mètres à 4 fr. le mètre superficiel ; $10 \times 4 =$ . . . . 40 »

Dallage des deux chambres ; 10 m. à 5 fr. le m. ; $10 \times 5 =$ 50 »

Plâtres intérieurs : Cloisons en carreaux de plâtre de 0,005.

$$4 (6,00 \times 3,00) = 72 \quad »$$
$$6,60 \times 3,00 = 18 \quad »$$
$$3,00 \times 3,00 = 9 \quad »$$
$$\text{Total. . 99 »}$$
$$\text{A déduire les portes, 14 40}$$
$$\text{Reste. . 84 60}$$

Surface en carreaux de plâtre avec léger enduit sur les deux faces à 4 fr. 35 le mètre superficiel ; $84,60 \times 4,35 =$ 368 01

A reporter 3308 66

Report 3308 66

A l'intérieur : Enduit en plâtre sur les pignons de refend, ... 4 (6,00 × 3,00) = 72

Sur les murs de façade . . . . 2 (14,00 × 1,75 = 77

Tableaux des portes, des fenêtres et naissances diverses, 25

Total 174

174 × 0,25 légers = 43,50 unités de légers à 4 35 ; 43,50 × 4,35 = 189 22

Plafond.

Enduit plâtre avec lattes espacées ; surface 80 mètres à 0,585 = 48 unités de légers à 4,35 ; 48 × 4,35 = ... 20 »

8 souches de cheminées avec toutes façons à 12 fr. ; 8 × 12 = 96 »

Deux cuisines : pour panneaux de 1,00 × 0,50 ; 2 hottes en panneaux de plâtre avec 4 jambages briques ; 6 trous à feu ; 2 dessus carreaux faïence . . . . 105 »

2 pierres d'évier de 0,50 × 0,60, avec jambages et pose . . 30 »

Poteries pour 8 conduits : 32 mètres de poteries rondes de 0,16, garnies et ravalées à 3 fr. 91 le mètre linéaire ; 32 × 3,91 = 125 12

Descente à la cave et seuil des portes sur cour et jardin.

14 marches en chêne et terre à 3 fr. ; 14 × 3 = ... 42 »

12 seuils de 1,00 × 0,30 × 0,16 à 8 fr. ; 12 × 8 = ... 96 »

Fondation des 4 seuils des portes sur cours et jardin 4 (0,50 × 0,40 × 8,00) = 0,800 à 22 fr. ; 0,800 × 22 = ... 17 60

Fondation et soutènement, descente de cave : 3 (2,00 × 1,25 × 0,20 = 1,500 » 40 fr. le mètre cube ; 1,500 × 40 = ... 60 »

Solives au pourtour des dormants et croisées de planchers, tuyaux, etc. ; 200 mètres linéaires à 0,05 ; 10 unités de légers à 4,35 ; 10 × 4,35 = ... 43 50

Feuillures diverses dans la brique : trous divers avec scellement pour portes et fenêtres ; 100 à 0,75 ; 100 × 0,75 = . . . 75 »

Pose et scellements d'huisserie et divers , ... 25 »

Total 1545 40

MENUISERIE ET CHARPENTE POUR UNE MAISON

Plancher sur cave et terre-plein ; 105 bastaings de 16 × 5 = 1,008 à 99 fr. 05, sapin non appareillé ; 1,008 × 99,05 = ... 99 84

Faux-plancher, moitié du cube ci-dessus, bastaing fendu en deux, 0,500 à 133 fr. 05 ; 0,500 × 133,05 = ... 66 52

A Reporter 166 36

Report	166 36
Comble pannes, faitage et chevrons, cube de 2,500 à 133 fr. 40; 2,500 × 133,40 = ...	333 50
Parquet sapin de 0,027 × 0,10, à l'anglaise. Surface : 39 mètres à 5 fr. 15, avec remplissage ; 39 × 5,15 = ...	200 85
Plinthes sapin de 0,013 × 0,11 ; 55 mètres linéaires à 0 fr. 56 le mètre ; 55 × 0,56 = ...	30 80
Baguettes d'angles et demi-baguettes, portes et fenêtres ; 120 mètres linéaires à 0 fr. 30 le mètre avec plus-value pour coupe d'angle ; 120 × 0,30 = ...	36 »
5 portes de 2,00 × 70, petit cadre, 2 parements sapin, lattes de 0,027, panneau de 0,013, pour une surface de 1,40 à 8 fr. le mètre superficiel = 11,55 ; soit 5 portes à 11 fr. 55 ; 5 × 11,55 = . .	57 75
2 portes de 2,30 × 0,80, table saillante, bâti chêne 0,034, panneaux sapin, 0,018, 2 parements pour une surface de 1,84 à 14 fr. 45 = 26 fr. 58 ; soit 2 × 26,58 = ...	53 16
4 fenêtres de 2,20 × 1,10, en chêne de 0,034, ouvrant à noix et gueule de loup avec dormant de 0,041, jet d'eau et appui, compris plus-value petit bois pour une surface de 2,42 à 14 fr. 15 le mètre superficiel = 34 fr. 24, soit 4 × 34,24 = ...	136 96
4 paires volets-persiennes en sapin de 0,034, à glace, deux parements, panneaux de 0,018 avec cinq lames. Soit une porte de 2,00 × 1,10 = 2,20 à (7 fr. 60 + 1 fr.) 8 fr. 60 le mètre carré = 18 fr. 92 ; soit pour 4 : 4 × 18,92 = ...	75 68
Porte des cabinets : sapin de 2,00 × 0,65, à glace, 1,30, avec 5 lames en haut, à 8 fr. 60 le mètre carré ; 1,30 × 8,60 = . .	11 18
Porte de la chambre à tinette, sapin brut rainé de 0,034, barres chêne de 2,00 × 0,80 = 1,60, à 5 fr. 25 le mètre carré, 1,60 × 5,25 = ...	8 40
Barres chênes	2 »
Porte d'entrée de la cave, analogue à la précédente	10 40
Huisseries diverses sur toutes les portes : pour 5 portes intérieures et un cabinet, 6 de 5 mètres = 30, sapin de 0,08 × 0,86, à 1,80 le mètre linéaire ; 30 × 1,80 = ...	54 »
Pour 2 portes extérieures de 5 mètres, soit 10 mètres chêne de 0,04 × 0,06 à 2 fr. le mètre linéaire ; 10 × 2,00 = ...	20 »
Siége de cabinet d'aisances ; devant sapin, 0,027 ; dessus, 0,027, tampon.	25 »
Scellement des bastaings, planchers et fauxplanchers . .	(Mémoire).
Total.	1222 04

SERRURERIE POUR UNE MAISON

Ferrures de 5 portes sapin.

Pour une porte.	3 fiches chanteau,	0 52
—	1 serrure bec de canne,	2 60
—	1 bouton double,	1 20
—	7 pattes à 0 fr. 29	2 03
	Total pour une porte	7 39

et pour 5; 5 × 7,39 = ... **36 95**

Ferrures de 2 portes extérieures.

Pour une porte.	3 paumelles,	1 56
—	1 serrure de sûreté,	6 35
—	1 bouton,	1 30
—	7 pattes à 0,29	2 03
	Total pour une porte	11 24

et pour 2, 2 × 11,24 = ... **22 48**

Ferrures de 4 fenêtres.

Pour une fenêtre.	8 équerres à 0,16,	1 28
—	6 fiches chanteau à 0,52	3 12
—	7 pattes à 0,29	2 03
—	1 crémone,	2 55
	Total pour une fenêtre	8 98

et pour 4, 4 × 8,98 = ... **35 92**

Ferrures de 4 volets.

Pour un volet.	8 équerres à 0,16	1 28
—	4 paumelles à 0,75	3 12
—	1 loqueteau,	0 75
—	1 crochet,	0 40
—	3 battements à 0,11	0 33
	Total pour un volet	5 76

et pour 4, 4 × 5,76 = ... **23 04**

Porte cabinet.

	2 fiches chanteau à 0,52,	1 05
	1 targette,	0 70
	1 crochet,	0 40
	Total.	2 14

. . . . **2 14**

Porte de la chambre à tinette.

	2 pentures à 1,25	2 50
	2 gonds à 0,80	1 60
	1 targette,	0 70
	Total.	4 80

. . . . **4 80**

A reporter **125 33**

Report 125 33

Porte de la cave.

2 pentures à 1,25	2 50
2 gonds à 0,80	1 60
1 serrure pêne dormant,	3 35
Total.	7 45

Total. . . . . 7 45 · 7 45

1 barre de fer à T de 0,14, pour le support de la cloison au-dessus de la cave. . . . . 15 »

Ferrures pour contours des fourneaux et pour ancres de chaînages . . . . 70 »

Total. 217 78

PLOMBERIE, ZINGAGE, CANALISATION POUR UNE MAISON

1 siège, garde-robe, mouvement engrenage et crémaillère avec pose . . . . 30 »

Tuyaux fonte de 0,16, avec branchement pour ventilateur, fourniture et pose. . . . . 15 »

Tuyau en plomb pour la pierre d'évier, fourniture et pose. . 6 »

2 descentes en zinc de 0,88 de 4 mètres, ensemble 8 mètres à 1 fr. 60 le mètre linéaire ; 8 × 1,60 = ... 12 80

14 mètres de gouttières de 0,16, en zinc de 0,11, fourniture avec pose et accessoires, à 1 fr. 70 le mètre ; 14 × 1,70 = . . 23 80

Canalisation en grès de 0,20 avec pose et collets, 13 mètres à 5 francs le mètre ; 13 × 5 = ... 65 »

Couverture en tuiles avec litteaux, solins, plâtres, surface développée de 65 mètres à 4 fr. le mètre superficiel ; 65 × 4 = 260 »

Faitage, 7 mètres à 3 fr. ; 7 × 3 = ... 21 »

Total. 433 60

PEINTURE ET VITRERIE POUR UNE MAISON

Surface de 49 mètres : plafond, égrenage, rebouchage et deux couches à la colle à 0 fr. 14 le mètre courant ; 49 × 0,14 = . . 6 86

Antichambre : 2 × 6 = 12 × 2,75 = 33 mètres.	
Cuisine	20 »
Salle à manger.	12 »
Total	65 mètres.

Rebouchage, 2 couches à l'huile à 1 fr. 07 le m. ; 68 × 1,07 = 69 55

A reporter 76 41

Report 76 41

Boiseries diverses, fenêtres, portes, plinthes, volets, surface
70 mètres, rebouchage deux couches à l'huile. 70 $\times$ 1,07 = . . .

Papier peint pour chambre et salle à manger: 25 rouleaux à
0 fr. 40 ; 25 $\times$ 0,40 = ... 10 »

Collage de 25 rouleaux à 0,53 ; 25 $\times$ 0,53 =. . . . , ... 13 25

Bordure . . . . 5 »

Vitrerie : 8 mètres carrés, verre troisième choix à 3 fr. 60
le mètre carré ; 8 $\times$ 3.60 = ... 28 80

Total , ... 208 36

RÉCAPITULATION.

Maçonnerie pour une maison. . . 2272 70
Menuiserie et charpente 1222 04
Serrurerie 217 78
Plomberie, zingage, canalisation . 433 60
Peinture, vitrerie. 208 36
Total 4354 48

M. Carré a fait dix maisons analogues, dont nous donnons
les plans, moyennant une somme de 36,000 fr.

Ce prix ne comprend pas les cheminées, les appareils
nécessaires à l'écoulement des eaux ménagères, la clôture
des jardins et leur arrangement, les murs mitoyens, les frais
de viabilité des passages.

Groupes Boileau de la Société de Passy-Auteuil

*Mise en état de réception par la ville de l'Impasse Boileau. — Viabilité
exécutée par la ville, comprenant chaussée pavée et trottoirs réglementaires.*

1° au droit de passage commun aux 10 maisons . . . . . 2^m72
2° au droit du lot de façade du terrain Blard 13 84
3° — du terrain Massié 11 10
4° — id. id. 11 27
Total . . . . . . 38^m93

La largeur de l'impasse Boileau étant de 8 mètres, la surface de terrain
mise en état de viabilité par la Ville, pour le compte de la Société, sera de

38, 93 × 4 = 155,72 mètres carrés, la Ville se fait rembourser ses dépenses
sur le pied de 12 fr., le mètre superficiel, la Société de Passy-Auteuil paiera
donc de ce chef 155,72 × 12 = ... 1868fr64

A cette somme il faudra ajouter une part contributive dans la
construction de l'égout public. En prenant le type n° 14 qui
revient à 76 francs le mètre linéaire, il faudra payer pour
l'égout . . . . 39 × 76 = 2965
Tampons, branchement de regard de bouche. . . . 134 44
Total 3100 00

et pour la part de la société 1550 00

Nous croyons qu'il suffirait pour faire le service de l'impasse
Boileau d'un égout revenant à 46 fr. le mètre linéaire, mais
comme le devis que nous donnons a été fait par un employé
supérieur de la Ville, nous ne croyons pas que la municipalité
permettra de faire cette économie.

Il faut ajouter à ces frais la part contributive relative à l'éclairage de l'impasse.

La pose de la conduite, le branchement, les candélabres et
les lanternes se paient à raison de fr. 25 le mètre linéaire,
soit 39 × 25 = 975 et pour la part de la société 487 50
Total 3906fr64

Soit par mètre linéaire de
façade sur le passage. . . . $\dfrac{390664}{39} = 100$ fr.

GROUPES BOILEAU. — Travaux intérieurs

Mise en état de viabilité du passage Boileau.

Déblais : 108 × 2,72 × 0,20 = 58,75 à 4 fr. 50 = ... 264 38
58,75 mètres cube à 7 fr. par mètre pour empierrement = . 411 25
1/3 de cailloux soit 20 mètres cubes à 5 fr. 50 le mètre, pour
agrégation : 20,00 × 5.50 = ... 110 »
Répandage de 80 mètres caillou et sable à la brouette, à
0,25 le mètre superficiel ; 80,00 × 0,25 = ... 20 »
Cylindrage de 294 mètres cubes, à raison de 0,50 le mètre
cube : 294 × 0,50 =. 147 »
Total. 952 63

8

*Assainissement. Écoulement des eaux pluviales et ménagères
à l'égout public.*

Pose d'une canalisation en tuyaux Doulton, dans toute la longueur du passage, 108 mètres linéaires de fouille en tranchée pour tuyaux de 0,225 à 3 fr. 10 le mètre linéaire ; $108 \times 3,10 =$ . . 334 80

42 mètres linéaires de fouille pour branchements de 0,150 ; $42 \times 3,10 =$ 130 20

108 mètres de tuyaux Doulton de 0,225 ponr fourniture et pose, compris toute main-d'œuvre, à 5 fr. 45 le m. ; $108 \times 5,45 =$ 588 60

42 mètres de branchement de 0,150 à 3 fr. 25 ; $42 \times 3,25 =$. 136 50

Plus-value pour joints, raccords, culotte, 40 pour 0/0 de 42 mètres, soit 17 mètres à 3 fr. 25 ; $17 \times 3,25 =$ 55 45

Total 1245 35

Alimentation de chaque maison en eau de la Ville.

1 prise de 0,06 sur conduite en fonte de 0,10, compris bouche à clef, etc. . . . . 145 »

10 prises de 0,027 sur conduite de 0,06 à 61 fr. ; $10 \times 61 =$ 610 »

108 mètres linéaires de conduite en fonte de 0,06, pour fourniture et pose à 8 fr. 90 ; $108 \times 8,90 =$ 961 20

45 mètres linéaires de conduite en plomb de 0,027, fourniture et pose à 8 fr. 80 le mètre linéaire ; $45 \times 8,80 =$ . . . . . . 396 »

1 appareil de jauge complet de 0,06, posé en terre. . . . . 179 »

10 appareils de jauge complets de 0,027 à 73 ; $10 \times 73 =$ . . 730 »

3021 20

Rabais de 25 0/0 . . . . 755 30

Reste à compter 2265 90

à ajouter pour percements de murs, raccords, frais imprévus . 134 10

Total 2400

Il faudrait donc dépenser 240 fr. par maison pour obtenir un abonnement de 20 fr. par an qui permettrait d'obtenir une fourniture de 125 litres d'eau par jour.

Canalisation en tuyaux Doulton et Cie pour envoyer les vidanges à l'égout.

M. Durand Claye, ingénieur en chef des Ponts et Chaussées, m'ayant donné de nombreux documents, j'ai pu faire grâce à son obligeance l'avant projet suivant, qui a pour but de débarrasser les maisons de la Villa Boileau des vidanges produites dans les habitations. En supposant que les propriétaires de l'Impasse Boileau consentent à faire l'égout de cette voie comme nous l'avons indiqué, j'établirai ma canalisation de la manière suivante :

Je ferai communiquer les tuyaux de chute des privés avec les tuyaux en grès vernissé de 0^m15 de diamètre, destinés à évacuer les eaux ménagères et pluviales. Ces tuyaux seront branchés sur les conduites de 0 225, placées dans le passage Boileau et dans celui qui lui est parallèle. Je donnerai à ces conduites deux pentes pour envoyer une partie des vidanges à l'égout de l'impasse Boileau et le reste dans une maîtresse conduite formée de tuyaux qui auront 0^m35 et 0^m45 de diamètre et qui sera reliée à l'égout de la rue Boileau.

Nous indiquons la canalisation que nous décrivons dans la planche relative au lotissement de la villa Boileau, qui termine l'atlas de planches joint à cet ouvrage.

Le prix des travaux nécessaires pour desservir toutes les maisons, sera établi comme il suit :

Conduites principales reliant les égouts des rue et impasse Boileau.

Linéaire de tuyaux en grès vernissé Doulton et Cie, droits, courbes ou à culottes, de toutes longueurs y compris dressement

du fond de la tranchée, transport à pied d'œuvre, mise en place,
massif en maçonnerie à chaque joint et collet en ciment.

1° Conduites de 0,225 de diamètre intérieur dans les passages.

Passage Boileau 100,45
Plus value de 40 0/0 sur 10 mètres de longueur pour tuyaux
courbes, culottes et autres que des tuyaux droits : 20 × 0,40 =
8,00 = ... 108,45
Passage parallèle au passage Boileau. . . 108,45
Total pour les conduites de 0^m,225 de D. . 216,90 à 5 f. 45 = 1182 11

2° Conduite de 0,35 de diamètre intérieur.

Conduite maîtresse recevant celles de 0^m,225 placée dans le
passage parallèle à l'impasse Boileau . . . 50,00
Plus value de 40 p. 0/0 sur 10 mètres de longueur pour raccords, pièces courbes, culottes. 4,00
Total. . . . . 54,00 à 9 f. 95 = 537 30

3° Conduites de 0,45 de diamètre intérieur.

Conduite maîtresse prolongeant celle de 0,35 jusqu'à l'égout
de la rue Boileau 49,00
Plus value de 40 p. 0/0 sur 10 mètres de longueur pour raccords, pièces courbes, etc. 4,00
Total. . . . . 53,00 à 16 f. 40 = 869 20

*Percement et raccord de maçonnerie et enduit en égout pour le
passage d'un tuyau quel que soit son diamètre.*

Passage dans l'égout de la rue Boileau, 1^m,00 à 5 fr. = . . . 5 00
Passage dans l'égout de l'impasse Boileau, 1^m,00 à 5 fr. = . . 5 00

A Reporter . . . . 2588^f61

Report. . . . . 2568 f 21

Conduites canalisant les habitations.

Linéaire de conduites en tuyaux Doulton de 0ᵐ,15 de diamètre
intérieur; pour fourniture et pose: 686ᵐ,00 à 6 fr. 10 = . . .   4184 60
  Siphons pour tuyaux de 0ᵐ,15 : 47ᵐ,00 à 10 fr. = ...   470 00
  Kilogs de fer forgé pour corbeaux supportant les conduites ;
600ᵐ,00 à 0 fr. 75 c. = ...   450 00
  Trous et scellements de 0ᵐ,15 à 0ᵐ,20 de profondeur ; en ma-
çonnerie de meulière avec emploi de mortier de ciment. . . .   200 00
  Percements de murs pour passages de tuyaux. 150 00

*Linéaire de tranchées pour pose de tuyaux, compris dépavage,
fouille, étaiement, enlèvement des terres, remblais, pilonnage
et premier pavage provisoire s'il y a lieu, la profondeur
moyenne de la fouille n'excédant pas 3 mètres.*

Tuyaux de 0ᵐ,15 et de 0ᵐ,225 ; 430ᵐ,00 à 3 fr. 10 = ...   1333 00
Linéaire de tranchée à 3ᵐ,20 de profondeur; 100ᵐ à 3 fr. 40 =   350 04
   —   —   3ᵐ,30   —   74ᵐ à 3 fr. 55 =   262 70
   —   —   4ᵐ,00   —   26ᵐ à 4 fr. 60 =   119 60
   —   —   4ᵐ,20   —   76ᵐ à 6 fr. 90 =   372 40

       Total 10490 95
Dépenses imprévues 509 05

       Total général . . . .   11000 f 00

Donc moyennant une dépense de 11,000 francs, on éviterait :

1° La construction de quarante-cinq fosses d'aisances, qui
coûteraient 45 × 800 = 36000 francs si elles étaient établies suivant les réglements de la ville de Paris ;

2° Les frais résultant des vidanges produites par 300 personnes environ et qui s'élèvent à fr. 750 environ par an, ce qui
représente encore un capital de 15,000 francs.

En obtenant le droit d'envoyer les vidanges à l'égout, la
Société de Passy ferait une économie de 40,000 francs environ ;

elle aurait donc intérêt à payer à la ville, un droit de 30 francs par dix ménages, qui représente en moyenne le nombre de privés desservis par un tuyau de chute.

Dans le cas où les propriétaires de l'Impasse Boileau ne contribueraient pss aux frais d'établissement de l'égout dont nous avons fait le devis, il faudrait faire une canalisation en tuyaux de 0^m35 et de 0^m45 analogue à celle du passage parallèle à l'impasse Boileau. Nous avons indiqué sur le plan général de la Villa Boileau, le plan de cette canalisation.

Le prix de la pose d'une conduite maîtresse dans l'impasse Boileau éléverait d'un millier de francs la dépense relative à l'envoi direct des vidanges à l'égout.

Formule de Demande d'Acquisition de Maison

Monsieur le Président

de la Société des Habitations Économiques,

1, Rue de Choiseul,

PARIS.

Timbre

Monsieur le Président de la Société des Habitations économiques.

J'ai l'intention d'acquérir une des maisons du groupe
sise   n°

Je m'engage par les présentes à me soumettre aux clauses du cahier
de charges relatif à ces maisons, dont j'ai pris connaissance, et dont les
principales conditions sont énumérées ci-contre. Je m'engage, en outre,
à payer comptant une somme de   et à verser,
au siège de la société, une annuité de   par mois ou
de   par trimestre.

Cette annuité comprendra l'intérêt et l'amortissement du prix de vente.

Comptant sur une prompte réponse, je vous prie d'agréer, monsieur,
mes civilités empressées.

      Nom :

      Prénom :

      Adresse :

Le but de cette lettre est d'empêcher le concierge de la société de vendre à des
personnes qui ne seraient pas agréées par le Conseil d'administration.

Questionnaire à remplir par le demandeur.

Nom et âge de l'acquéreur ?
Prénom ?
Profession ?
Nom de sa femme et âge ?
Prénom ?
Profession ?
Nombre d'enfants et âge ?
Mariés sous le régime :

de la communauté { légale ?
{ conventionnelle ?

sans communauté ?
de la séparation de biens ?
Dotal ?
Date du contrat ?
Nom du notaire qui a fait l'acte ?
Un des époux a-t-il exercé les fonctions de tuteur de mineur ou
d'interdit ?
A-t-il été comptable de deniers publics ?
Ou a-t-il rempli toute autre fonction emportant hypothèque légale ?

NOMBRE D'ANNÉES PENDANT LEQUEL IL FAUDRA VERSER	SOMME NÉCESSAIRE POUR AMORTIR UN CAPITAL DE 1,000 FR.			OBSERVATION
	Mensuelle	Trimestr.	Annuelle	
10	10,25	30,75	123	Le contrat ne sera réalisé
15	7,50	22,50	90	qu'après paiement du 1/4 du
20	6,10	18,25	73	prix de l'immeuble.

EXEMPLE : Pour devenir propriétaire au bout de 15 ans d'une maison qui vaut 6,600 fr., il faudra payer comptant une somme de 600 fr. et une annuité de 6 $\times$ 90 = 540 fr. pendant 15 ans.

Extrait du Cahier de Charges.

1° L'acquéreur paiera une somme comptant égale au dixième au moins du prix de revient de la maison ; il paiera la solde par annuités au siège de la société.

2° En cas d'inexactitude dans les paiements, la Société reprendra possession de l'immeuble et elle restituera au preneur ses acomptes versés en déduisant tous les frais qui seront occasionnés par lui.

3° Tous les frais d'actes sont à la charge du preneur. Le contrat ne sera réalisé qu'après paiement du quart de la valeur de la maison. La vente sera confirmée par bail sous seing privé avec promesse de vente.

4° La Société fera assurer à son profit, aux frais du preneur, la maison vendue.

5° Les impôts de toute nature, les frais résultant de l'entretien des rues et passages, les charges de ville et de police, les réparations de toute nature sont à la charge des preneurs.

6° Il est interdit aux preneurs de modifier les constructions sans un ordre écrit de l'architecte de la Société.

7° Il est interdit de construire dans les jardins et dans les cours.

8° La Société livre la propriété close. Tous frais résultant de modifications faites aux clôtures devront être supportés par ceux qui les exécuteront.

9° Les lieux vendus devront être habités bourgeoisement ; il ne pourra y être exercé ni commerce de marchand de vin, ni aucune profession bruyante ou insalubre, pouvant nuire aux voisins.

10° L'acquéreur ne pourra revendre ni sous-louer sa maison tant que le prix n'en sera pas payé intégralement, sans le consentement par écrit du vendeur.

11° Tant que la Société restera propriétaire, elle fera exécuter tous les travaux nécessaires au bon entretien des constructions, des rues et passages. Aussitôt qu'elle le jugera convenable, elle se fera remplacer par un syndic nommé par les acquéreurs ou par le président du tribunal civil de la Seine.

NOTA. — Le cahier de charges complet est à la disposition des acquéreurs, au siège de la société.

Modèle de contrat de location avec promesse de vente
et avance d'argent pour permettre au locataire de construire

Il est souvent avantageux de louer des maisons avec promesse de vente. Quand le locataire ne peut satisfaire à ses engagements, on résilie purement et simplement le contrat. A côté de cet acte on en fait un autre par lequel on régularise la manière d'effectuer les placements par annuités. Bien des personnes préfèrent réaliser les actes par devant notaire, car, avec une grosse notariée, on arrive plus facilement à expulser le locataire récalcitrant.

Quant à moi, je préfère employer des actes sous seing privé.

1° Les actes sont plus rapidement préparés et signés;

2° Je perds moins de temps dans les études de notaire ;

3° J'économise à mes acquéreurs les honoraires payés au notaire.

Tous ces avantages compensent bien au-delà tous les désagréments que je puis avoir avec de rares mauvais payeurs. On exagère les inconvénients des baux sous seing privé de faible importance. Avec l'aide d'un huissier expérimenté, je suis toujours arrivé très rapidement à annuler des conventions qui n'étaient pas observées par mes acquéreurs.

Entre les soussignés :

M. X... d'une part, et Mme X... son épouse qu'il autorise, aux effets ci-après, demeurant à Paris.

Et M. Y... d'une part, et Mme Y... son épouse, qu'il l'autorise à l'effet des présentes, demeurant ensemble aux Lilas.

A été fait, convenu et arrêté ce qui suit:

M. et Mme X... louent, à titre de bail à loyer pour quinze années consécutives qui commenceront à courir le premier juillet mil huit cent soixante quinze.

A M. et Mme Y... qui acceptent conjointement et solidairement preneurs pour ledit temps.

Une portion de terrain faisant partie d'un plus grand terrain, appartenant en propre à M. X... sis aux Lilas, n° 101, à côté du terrain loué à M. et Mme Z... longeant d'autre côté la rue projetée.

Cette portion de terrain présentement louée, est d'une contenance de environ de superficie, ayant a, mètres de façade sur la rue de Paris et b, mètres de profondeur en longeant ladite rue projetée.

Ainsi, telle au surplus que ladite propriété se poursuit et comporte, elle est close par un mur sur la route de Paris et par des planches sur la rue projetée, lesquelles M. et Mme X... se réservent le droit de faire enlever quand il y aura lieu ; et enfin dans l'état où ce terrain se trouve actuellement, les preneurs déclarant parfaitement le connaître pour l'avoir vu et visité et en être satisfaits.

CONDITIONS.

Cette location est faite à la charge par les preneurs qui s'y obligent solidairement, et ce, sans diminution du loyer ci-après fixé, de payer l'impôt foncier et les autres charges et impôts de toute nature qui seraient dus par suite de constructions qui pourront être édifiées sur ledit terrain, et enfin de satisfaire à toutes les charges de commune et de police dont les propriétaires et les locataires sont ordinairement tenus.

Lesdits preneurs paieront aussi les frais d'enregistrement auxquels donneront lieu ces présentes et les doubles droits et amendes encourues, s'ils négligent de les faire enregistrer dans les délais prescrits par la loi.

PRIX.

En outre le présent bail est fait moyennant un loyer annuel de   francs que les preneurs s'obligent sous la même solidarité à payer aux bailleurs en leur demeure à Paris, en quatre portions égales aux quatre termes ordinaires de l'année.

CLAUSE DE RIGUEUR.

Il est expressément convenu ici, sans quoi le présent bail n'eût point eu lieu, que les loyers seront payés exactement à leur échéance et qu'après un simple commandement de payer non suivi de paiement, dix jours après sa date, le présent bail sera résilié de plein droit, si bon semble aux bailleurs, sans qu'il soit besoin de faire prononcer cette résiliation par un jugement et les bailleurs, dans ce cas, auront le droit de faire expulser les preneurs, en obtenant, à ce sujet, une simple ordonnance de référé, rendue sur requête par M. le président du tribunal civil de la Seine, en dernier ressort et sans appel ni opposition, ce qui est accepté formellement par lesdits preneurs.

D'un autre côté, comme il va être fait ci-après une promesse de vente aux preneurs ; s'il est élevé par ces derniers des constructions sur le terrain loué, les bailleurs, dans le cas où ils le jugeraient utile, auront la faculté de fournir, dans ce but, des fonds jusqu'à concurence de dix mille francs, lesquels produiront un intérêt annuel de cinq pour cent qui sera payable de trois mois en trois mois à partir du jour où ces fonds auront serv. au paiement des constructions élevées sur le terrain, d'après les mémoires réglés par l'architecte de M. et Mme X... lesquels mémoires acquittés par l'entrepreneur des travaux feront foi des avances de fonds par lesdits bailleurs, mais ces fonds qui se trouveraient ainsi avancés, seront remboursés par annuités.

Il est encore bien entendu et convenu ici que, si pendant le cours du présent bail, les preneurs venaient à être expulsés dudit terrain, faute de paiement exact des loyers à leur échéance, comme il est dit plus haut, ou s'ils venaient à tomber en faillite ou en déconfiture, les dites constructions alors élevées sur ce terrain, quelles qu'en fussent l'importance et la valeur, resteraient la propriété exclusive des bailleurs, sans qu'ils eussent à tenir compte d'aucune indemnité ni de plus value pour les constructions élevées, soit aux preneurs soit aux créanciers ou à toute autre personne, étant expressément interdit à M. et Mme Y... ou leurs représentants, de faire aucune cession à qui que ce soit, en tout ou partie, de leurs droits aux présents, sans le consentement exprès et par écrit de M. et Me X...

Si les cas ci-dessus prévus ou tous autres arrivaient pendant le cours du présent bail, M. et Mme X... n'auraient point à réclamer les sommes qu'ils auraient pu fournir pour le paiement des mémoires réglés des constructions élevées ; et, de leur côté, les preneurs étant expulsés ou n'ayant plus de droits au présent bail, se trouveraient libérés, vis à vis des bailleurs, des sommes avancées et payées par ces derniers pour les dites constructions.

PROMESSE DE VENTE.

M. et Mme X... consentent, par ses présentes, à laisser à M. et Mme Y... qui l'acceptent, pendant le cours du présent bail, la faculté de se rendre acquéreurs solidaires de la portion de terrain présentement louée, moyennant, outre les frais et charges de l'acquisition, un prix principal de D... francs payable suivant les conventions arrêtées par les parties. Le contrat de vente ne sera toutefois réalisé qu'après paiement du quart du prix de l'immeuble.

Les frais d'établissement de la rue projetée, au devant du terrain loué seront payés par M. et Mme Y... mais remboursés par M. et Mme X..., en cas de non réalisation de la dite promesse de vente.

Le contrat de vente devra être régularisé en l'étude de M. Poletnich, notaire à Paris, où se trouvent les renseignements nécessaires pour faire l'établissement de la propriété du terrain en la personne des bailleurs, ces derniers n'entendant, à ce sujet, fournir à M. et Mme X... s'ils deviennent acquéreurs, aucuns titres de propriété, libre à eux de s'en faire délivrer, à leurs frais, là où il en existera.

Dans le cas où, six mois avant l'expiration du présent bail, M. et Mme Y... ne se rendraient pas acquéreurs de la dite portion de terrain présentement loué, la promesse de vente ci-dessus stipulée serait considérée comme nulle et non avenue.

Dans ce dernier cas les constructions qui se trouveraient élevées sur le terrain loué, resteraient la propriété exclusive des bailleurs, sans qu'ils eussent à payer aucune espèce d'indemnité ni dommages et intérêts aux dits preneurs ou à leurs représentants.

Telles sont les conventions des parties.

Pour l'exécution des présentes, les parties font élection de domicile, M. et Mme X... en leur demeure à Paris, et M. et Mme Y... en leur demeure aux Lilas.

Fait en double à Paris le

Modèle d'acte relatif aux paiements à faire en sus du loyer pour devenir propriétaire.

Entre les soussignés.

Monsieur X... et Madame X..., son épouse qu'il autorise aux effets ci-après, demeurant ensemble   d'une part.

Et Monsieur Y...   d'autre part a été convenu et arrêté ce qui suit :

Suivant acte sous seing-privé, fait double à Paris le   et portant la mention d'enregistrement. Enregistré.

M. et Mme X... ont fait bail à M. Y... d'une propriété sise et ce, pour une durée de vingt années qui commenceront à courir le   moyennant un loyer de

Le dit acte de bail contient promesse de vente de l'immeuble loué moyennant un prix de   payable à l'expiration du bail.

Par dérogation à la dite clause de promesse de vente, il est expressément convenu entre les parties, que, moyennant la somme de   payée régulièrement chaque trimestre, en sus du loyer ci-dessus énoncé, pendant toute la durée du bail, M. Y... deviendra propriétaire de l'immeuble loué.

M. et Mme X... reconnaissent par les présentes avoir reçu de M. Y... la somme de   imputable sur le dernier versement annuel stipulé à la présente convention. Les frais d'enregistrement des présentes et les doubles droits encourus pour n'importe quelle cause sont à la charge du preneur.

Pour l'exécution des présentes les parties font élection de domicile. M. et Mme X... en leur demeure, et M. Y... dans les lieux loués :

Fait double à

Modèle de contrat de vente.

Pardevant M. Poletnich et son collègue, notaires à Paris, ont comparu :
M. X... et Madame X... demeurant ensemble à Paris.

Lesquels comparants ont, par ces présentes, vendu en s'obligeant solidairement à la garantie de tous troubles, dettes, évictions et autres empêchements quelconques.

A M. et Mme Y... qui acceptent l'immeuble ci-après désigné.

DÉSIGNATION

Une maison d'habitation, sise à Paris, dans un passage dit passage Murat, allant de la rue de Billancourt au boulevard Murat.

CONSISTANCE

Tel au surplus que le dit immeuble s'étend, se poursuit et comporte, avec toutes ses dépendances et les droits de toute nature y attachés, sans aucune exception ni réserve, mais sans garantie, soit pour vices de construction ou autres causes, soit enfin de la contenance sus-indiquée, dont le plus ou le moins excédât-il un vingtième, tournera au profit ou à la perte de l'acquéreur sans recours contre les vendeurs.

ORIGINE DE PROPRIÉTÉ

L'immeuble, dont fait partie la maison présentement vendue, dépend de la communauté de biens qui existe entre M. et Mme X... vendeurs, aux termes de leur contrat de mariage plus loin énoncé :

Les bâtiments, pour les avoir fait édifier sans conférer de privilège de constructeur ;

Et le terrain, au moyen de l'acquisition que M. X... en a faite des époux Z... suivant contrat passé devant M. Mahot Delaquérantonnais et M. Poletnich, notaires à Paris, le 23 août 1879.

Pour l'établissement de la propriété dudit immeuble en la personne de M. et Mᵐᵉ X... et des précédents propriétaires, les parties déclarent se référer expressément au cahier de charges dressé pour le lotissement qui a déjà été énoncé où le droit de propriété est régulièrement constaté.

CONDITIONS PARTICULIÈRES

L'immeuble vendu forme, ainsi qu'on l'a dit dans la désignation, le lot nº

Pour desservir les habitations élevées actuellement sur la propriété et celles à édifier, M. X... a ouvert un passage appelé le passage Murat, d'une largeur de 2ᵐ80 centim. dans toute la longueur de cette propriété, allant en ligne droite du boulevard Murat à la rue de Billancourt.

Un puits avec pompe a été établi pour l'usage commun des treize lots dans le passage Murat, sur un terrain formant hache rentrante sur les cinquième et septième lots.

Le cahier de charges et l'acte modificatif qui y fait suite contiennent des conditions obligatoires pour les acquéreurs de M. X... et M. X... lui-même, tant qu'il restera propriétaire d'un ou plusieurs lots, et auxquelles il entend soumettre M.

Une expédition du cahier de charges sus-énoncé et du dire modificatif dressé ensuite, a été transcrite au deuxième bureau des hypothèques de la Seine, le 2 mai 1881, vol. 5139, p. 22.

M   acquéreur, déclare avoir pris entière et parfaite connaissance tant du cahier de charges sus-énoncé que des modifications y apportées, par la lecture qu'il en a faite personnellement et par une nouvelle lecture entière que M.   l'un des notaires soussignés, vient de faire.

Il reconnaît en outre que M. X... a remis dès avant ce jour, une copie autographiée de ces deux actes, et il lui en donne décharge.

En conséquence, M. et Mᵐᵉ   s'obligent conjointement et solidairement à l'exécution entière et sans réserve de toutes les clauses, conditions et obligations insérées dans les cahier de charges et acte modificatif sus-énoncés en tant qu'elles concernent l'immeuble présentement vendu, le tout à leurs risques et périls, et sans recours contre les vendeurs.

ENTRÉE EN JOUISSANCE

. . . .

. . . .

CHARGES ET CONDITIONS

La présente vente est faite aux charges et conditions suivantes que les acquéreurs s'obligent solidairement à exécuter et accomplir, savoir:

1º De prendre l'immeuble vendu dans son état actuel ;

2° D'acquitter les contributions et autres charges de toute nature auxquelles l'immeuble vendu peut et pourra être assujetti, à partir du

3° De jouir des servitudes actives et de supporter les servitudes passives, apparentes ou occultes, continues ou discontinues pouvant exister au profit ou à la charge de l'immeuble vendu, à leurs risques et périls, sans recours contre les vendeurs et sans que la présente clause puisse donner à qui que ce soit plus de droits qu'il n'en aurait, soit en vertu de la loi ou de titres réguliers et non prescrits, comme aussi sans préjudice aux dispositions de la loi du 23 mars 1855, que l'acquéreur pourra toujours invoquer.

A l'égard des servitudes, M. et Mme X..., déclarent qu'il n'est pas à leur connaissance qu'il en existe d'autres que celles pouvant résulter du cahier de charges et du dire modificatif sus-énoncés.

4° Et de payer les frais, droits et honoraires des présentes et ceux qui en seront la conséquence.

ASSURANCE CONTRE L'INCENDIE

Les vendeurs déclarent que les bâtiments de l'immeuble présentement vendu sont assurés contre l'incendie et le recours des voisins à la société d'assurances Mutuelle-Immobilière et Mobilière, ayant son siège à Paris, rue Royale Saint-Honoré, n° 9, suivant police d'assurance, prise au profit de M. X... sur toutes les maisons d'habitation construites sur la propriété du boulevard Murat et de la rue de Billancourt, en date à Paris du 14 octobre 1880, n° 239.604.

L'acquéreur s'oblige solidairement à continuer cette assurance au lieu et place de leurs vendeurs, à en payer exactement les primes et cotisations annuelles et à remplir toutes les formalités prescrites, tant par la police que par les statuts de la société, notamment à déclarer sans délai à la société d'assurances la mutation opérée à leur profit et à la faire mentionner.

PRIX

En outre, la présente vente est faite et acceptée moyennant le prix principal de

ETAT CIVIL

M. et Mme X..., déclarent:

1° Qu'ils sont mariés tous deux en premières noces sous le régime de la communauté de biens réduite aux acquêts, sans clause restrictive de la capacité légale de Mme X...

2° Et qu'ils n'ont jamais rempli de fonctions emportant hypothèque légale

SUR LES TITRES

M. et Mme X... ne remettront aucun titre aux acquéreurs, mais ceux-ci demeurent subrogés dès à présent dans les droits des vendeurs pour se faire délivrer à leurs frais tous ceux qui leur seront nécessaires.

ÉLECTION DE DOMICILE

Pour l'exécution des présentes, les parties font élection de domicile, savoir :

M. et Mᵐᵉ X... en l'étude de Mᵉ Poletnich, notaire à Paris.

Et M

Dont acte :

Modèle de cahier des charges

Le cahier de charges suivant est calqué sur celui que M. Cacheux a fait établir pour la vente de ses maisons situées passage Murat.

Il est inutile et coûteux de reproduire à chaque contrat de vente sur du papier timbré à 3 *francs le rôle* l'origine de propriété. De plus, en réalisant les contrats devant notaire on perd beaucoup de temps quand l'origine de propriété est lue chaque fois. Il est donc préférable de déposer pour minute un cahier de charges complet dans l'étude de son notaire et de joindre à chaque contrat de vente un exemplaire imprimé du cahier de charges, contenant l'établissement de l'origine de la propriété et les conditions destinées à assurer une jouissance paisible aux acquéreurs.

Cahier de charges concernant les maisons du groupe X....,
appartenant à la Société parisienne des Habitations économiques.

L'an   le   par devant MM. Poletnich et Théret, notaires à Paris, soussignés   a comparu   M. X. demeurant à   agissant en qualité de président de la Société Parisienne des Habitations Economiques, dont le siège est à Paris,   et constituée suivant acte déposé pour minute en l'étude de Mᵉ Théret notaire à Paris à la date de   et comme ayant spécialement tout pouvoir à cet effet.

VARIANTE.

M. M   agissant comme administrateur délégué par le conseil d'administration de la Société.

Ou M. N   agissant comme gérant de la Société, ayant pouvoir général et spécial à cet effet.

Lequel a dit et exposé ce qui suit :

La Société est propriétaire, au moyen de l'acquisition faite à M. N suivant contrat passé par devant M. Poletnich, notaire   d'un terrain sis (arrondissement   ) rue   et boulevard   d'une contenance de   que sur ce terrain elle a fait édifier des constructions de différents types destinés à l'habitation ; que pour l'accès de ce terrain par les rues citées, il y a lieu d'ouvrir des rues et passages et qu'en vue des ventes que la Société se propose de faire du terrain et des habitations, elle a par les présentes établi :

1° La désignation générale du terrain et la division par lots ;

2° L'origine de propriété ;

3° Et les conditions se rapportant à la division du tout et à l'ouverture des rues et passages.

DÉSIGNATION GÉNÉRALE.

Le terrain d'une contenance de   sis rue
tenant à M. M   au nord sur   mètres
— M. N   au sud —   —
—   à l'ouest —   —
—   à l'est —   —

Sur ce terrain sont édifiées   maisons. Le terrain est clos du côté sud par   au nord   à l'est   à l'ouest

Les clôtures sont construites sur sol mitoyen et appartiennent à

DIVISION PAR LOTS.

1er Lot.

Une Maison d'habitation sise   comprenant : un rez-de-chaussée, élevé partie sur caves   partie sur terre plein   divisé en   pièces ; et un premier étage composé de   pièces, jardin à côté.

Le tout d'une contenance de   dont   sont occupés par les constructions.

La propriété tient au nord à   au sud   à l'est à l'ouest

2e Lot.

Désignation analogue ainsi que pour les autres lots.

RUES ET PASSAGES

Une rue ou passage d'une largeur de   dans toute sa longueur, va de la rue A à la rue B, elle occupe une superficie de   mètres carrés.

Ses limites sont déterminées par rapport aux propriétés voisines par le plan joint au présent cahier de charges.

La rue ou passage portera le nom de

PUITS

Un puits avec une pompe dans le passage ou dans la rue, entre les lots   N°

La partie de terrain occupée par ce puits et son entourage est d'une superficie de   il tient par devant à la rue ou passage au fond   au lot   N°   sur   mètres, ou   lot sur   mètres au lot.   sur

PLAN

Le tout est désigné en un plan dressé par l'architecte de la société, sur une feuille de papier, timbrée à l'extraordinaire   lequel est demeuré joint aux présentes après avoir été certifié véritable par M. X... comparant et revêtu d'une mention constatant son annexe, signée des notaires.

ORIGINE DE PROPRIÉTÉ

L'immeuble a été acquis par la Société parisienne des Habitations éco- miques de M.

Suivant contrat passé, M. N... et T..., son collègue notaire.

Cette acquisition a eu lieu moyennant un prix de

Une expédition de ce contrat a été transcrite au bureau des hypo- thèques, le

Trois certificats délivrés par M. le conservateur au dit bureau, constatent :

Le premier qu'il n'existait aucune inscription grevant le terrain vendu à la Société, du chef des vendeurs, jusqu'au jour de la transcription du contrat sus-énoncé.

Le deuxième que du chef des mêmes personnes que jusqu'au dit jour, il n'avait été transcrit relativement au terrain en question, aucun des actes ou jugements spécifiés aux articles 1 et 2 de la loi du 23 mars 1855 autres que : la vente à la Société sus-énoncée et le troisième, qu'à la même époque il n'avait été fait au terrain acquis par la Société, aucune trans- cription ou mention du jugement prononçant la résolution, nullité, rescision totale ou partielle du titre à la propriété du dit immeuble.

La Société a fait ou n'a pas fait remplir sur son acquisition, les forma- lités prescrites par la loi pour la purge des hypothèques légales.

Quand les vendeurs sont mariés sous le régime de la communauté, en premières noces, qu'ils signent les deux au contrat et qu'ils déclarent n'avoir jamais été tuteurs de mineurs ou d'interdit, ni comptables de deniers publics, on peut se dispenser des formalités de la purge.

Origine de la propriété   en la personne des vendeurs.

Il faut la faire remonter à trente années au moins.

CONDITIONS DIVERSES

1° Sur l'élévation des bâtiments et les constructions dans les cours.

CHAPITRE Ier

Sur les constructions

Les acquéreurs ou locataires de lots, les vendeurs eux-mêmes ou leurs représentants, ne pourront élever de constructions qu'à deux mètres de l'alignement actuel des rues sur lesquelles ils auront acheté ou loué, afin de permettre à la Ville, lors du classement de ces rues, de les porter à la largeur règlementaire, sans avoir de constructions à exproprier.

Sur les clôtures

Les acquéreurs ou locataires devront clore leurs lots dans le délai de trois mois, à partir du jour de la vente ou de la location.

Cette clôture pourra n'être qu'un simple treillage.

Si les acquéreurs ou locataires veulent clore par des murs, ils le feront suivant les règlements concernant les murs de clôture, mais sur le sol mitoyen et à frais communs.

Les acquéreurs ou locataires de lots voisins de terrains non encore vendus ou loués par les propriétaires, pourront se clore par des murs élevés sur le sol mitoyen, mais à leurs frais, sans pouvoir réclamer la mitoyenneté desdits murs à la Société des habitations économiques ou à leurs représentants, à moins qu'elle ne s'en serve.

Mais en cas de vente ou de location desdits terrains, la Société devra imposer à ses acquéreurs ou locataires le paiement de la mitoyenneté de ces murs.

En ce qui concerne les clôtures du terrain appartenant à d'autres propriétaires que ceux susnommés, les acquéreurs ou locataires rentreront dans le droit commun.

CHAPITRE II

Clauses diverses

Art Ier.

Chacun des acquéreurs ou locataires aura droit de circulation de jour et d'issue sur la rue projetée devant son lot, et droit de circulation sur toutes les rues que les vendeurs établiront sur leurs terrains.

Ces mêmes droits sont réservés aux représentants de la Société, tant qu'elle possèdera une partie de ces terrains, si minime qu'en soit l'importance.

De plus, le droit de circulation sur toutes lesdites rues est réservé aux représentants de la Société des habitations économiques.

Art. 2.

Le sol de chaque rue projetée restera la propriété commune des acquéreurs riverains, au regard de la façade de chaque lot jusqu'à l'axe de ladite rue, avec destination à perpétuité de voie publique; mais lors du classement des rues par la Ville de Paris, elle en deviendra propriétaire de plein droit, par le seul fait de la délibération du conseil municipal ou de l'arrêté préfectoral ordonnant ce classement, sans qu'aucun des riverains puisse y faire opposition, ni élever aucune prétention contraire, ni réclamation, et ce, sans nuire à la charge ci-dessous imposée à chaque acquéreur ou locataire, de contribuer aux frais de viabilité que la Ville exigerait.

Art. 3

Chaque acquéreur ou locataire devra participer avec tous les autres riverains de la rue sur laquelle sera son lot, proportionnellement à sa façade et jusqu'à l'axe de la rue, au paiement des contributions foncières de ladite rue, à son entretien, ainsi qu'à toutes mesures d'utilité, de sanité et de salubrité qui seront jugées utiles par les vendeurs ou par la majorité des acquéreurs ou locataires des lots en façade sur cette rue.

Chaque acquéreur ou locataire participera dans la proportion ci-dessus énoncée à tous frais de viabilité, — éclairage, établissement des eaux qui seront faits soit par la Société venderesse, soit par la Ville de Paris.

La Société des Habitations économiques se réserve le droit de faire exécuter ces travaux quand elle le jugera convenable et, dans ce cas, les acquéreurs ou locataires devront lui rembourser leur quote-part dans tous les frais, dans un délai de cinq années, du jour de l'achèvement des travaux, par annuités et avec intérêts à 5 0/0 l'an.

Si les travaux sont exécutés par la ville de Paris, les acquéreurs et locataires devront payer leur quote-part de ces frais en se conformant aux règlements de la Ville.

ART. 4

Les acquéreurs ou locataires devront se conformer en ce qui concerne les lots achetés ou loués par eux à tous règlements de police et de l'autorité municipale, notamment pour la fermeture des rues, si elle était exigée, et les frais de fermeture seraient supportés par eux au prorata de leurs façades.

Ils feront le balayage desdites rues et les tiendront en bon état de propreté, chacun au droit de la façade de son terrain et dans la moitié de la largeur de la rue.

Ils ne pourront y faire aucun dépôt d'immondices ou de matériaux, ni y laisser séjourner aucune voiture ni autres objets pouvant gêner la circulation.

Quant aux alignements et nivellements des rues et écoule-
ments des eaux, les acquéreurs et locataires les prendront
dans leur état le jour de l'entrée en jouissance, sans recours
contre les propriétaires pour quelque cause que soit, notamment à raison de tous changements que la ville pourrait pres-
crire ultérieurement.

ART. 5

Il ne pourra être créé, dans les lots vendus ou loués, aucun
établissement dangereux et insalubre ou gênant les voisins
par la mauvaise odeur.

CHAPITRE III

ART. 1ᵉʳ

Jusqu'au jour du classement, par la Ville de Paris, des rues
et voies de communications ouvertes par la Société des habitations économiques, ses acquéreurs ou leurs représentants
seront constitués en syndicat pour la conversion de ces rues
en voies publiques, et, quant à présent, pour leur gestion et
leur entretien sous les conditions qui ont été stipulées plus
haut et celles qui vont suivre.

ART. 2

Il y aura un délégué des propriétaires ou syndic nommé par
eux d'un commun accord, ou à défaut d'entente, sur simple
requête par M. le président du tribunal civil de première instance de la Seine.

ART. 3

Le délégué ou syndic représentera les propriétaires vis-à-vis
des tiers, il contractera les abonnements pour l'eau de la

ville, le balayage, l'entretien et les réparations de toute nature, tant des rues ouvertes et à ouvrir que de la canalisation pour l'eau et le gaz, et encore l'abonnement pour l'éclairage.

Le syndic fera toutes les recettes relatives auxdites rues ; il règlera tous comptes à ce sujet.

Il fera faire toutes les réparations nécessaires et veillera strictement au bon entretien des rues.

Il sera chargé de l'exécution de toutes les décisions qui auront été prises par l'assemblée générale des propriétaires.

Chaque année, au mois de janvier, il soumettra aux propriétaires réunis en assemblée générale l'état des dépenses qui auront été faites pendant l'année écoulée, ainsi que toutes les questions qui seront à examiner et à résoudre pour la bonne administration des rues.

<h3 style="text-align:center">ART. 4</h3>

Les propriétaires se réuniront chaque année, dans le mois de janvier, en assemblée générale.

Les convocations seront faites par lettres recommandées, adressées par le syndic à chaque propriétaire, quinze jours à l'avance.

Les réunions auront lieu au domicile du syndic ou dans tout autre local choisi par les intéressés, d'un commun accord.

Ils fixeront en même temps la somme présumée nécessaire pour l'entretien des rues et les autres dépenses s'y rattachant pendant l'année à courir.

Chacun d'eux versera entre les mains du syndic les sommes qu'il pourra rester devoir sur les dépenses de l'année précédente et lui remettra également le montant de sa quote-part présumée sur les dépenses de l'année à courir.

Les propriétaires statueront sur toutes les questions concernant les rues.

Toutes les décisions seront prises à la majorité des voix; en cas de partage, la voix du président sera prépondérante.

La proportion pour laquelle chaque propriétaire prendra part au vote de l'assemblée générale sera déterminée ultérieurement par le comparant.

Art. 5

La rémunération du syndic sera déterminée par l'assemblée générale.

Art. 6

Tous les règlements de police et de voirie de la Ville de Paris pourront être mis en vigueur dans les rues, et le syndic devra les faire exécuter par tous les moyens et voies de droit.

L'opportunité de cette mise en vigueur sera décidée par l'assemblée générale, sur la proposition d'un intéressé.

Art. 7

L'assemblée générale nomme un président.

Tout propriétaire peut se faire représenter à l'assemblée générale par un mandataire choisi parmi les propriétaires, qui ne pourra agir qu'au nom d'une seule personne; le mandat peut être donné par lettre.

L'assemblée générale est régulièrement constituée lorsque, sur une première convocation, la moitié au moins des propriétaires sont présents ou représentés.

Dans le cas où, faute d'un nombre suffisant de propriétaires, l'assemblée n'aurait pu être régulièrement constituée, il sera procédé à une autre convocation à huit jours d'intervalle, et

les résolutions prises dans cette seconde réunion seront valables, quel que soit le nombre de propriétaires présents ou re-
représentés.

ART. 8

Le syndic ou deux propriétaires pourront provoquer une
réunion extraordinaire, dans le cas où il s'agirait de statuer
sur des questions dont la solution ne pourra être différée jus-
·qu'à la réunion annuelle ordinaire.

Dispositions transitoires

I

L'époque du fonctionnement du syndicat constitué comme
il vient d'être dit est laissée à l'appréciation de la Société des
Habitations économiques, qui, jusque là, restera chargée de
faire exécuter, par les acquéreurs ou locataires des terrains
dont il s'agit, les clauses et conditions insérées aux présentes
sous les deux premiers chapitres.

II

La Société des Habitations économiques se réserve le droit
d'apporter aux présentes toutes les modifications qu'elle jugera
utiles, mais ces modifications ne nuiront en rien aux droits des
tiers qui auraient contracté antérieurement, lesquels demeure-
ront soumis au règlement en vigeur au moment de leur traité,
sauf cependant le cas où ces mêmes tiers auraient fait avec les
comparants des conventions dérogatoires aux présentes.

III

Toutes contestations qui pourront s'élever au sujet de l'application du présent règlement seront soumises à la juridiction
du tribunal civil de première instance de la Seine.

Modèle de circulaire à envoyer pour recueillir les cotisations.

Un homme se conduit tout différemment selon qu'il possède quelque chose ou qu'il n'a rien, et le propriétaire est, certes, un des plus fermes appuis de la société !

Est-il donc si difficile de faire, de celui qui vit de son travail manuel et quotidien, l'heureux possesseur d'une maison....., d'une maison fort modeste, bien entendu ? Oui ! si l'on exige de lui qu'avant d'acheter cette maison, il ait passé plusieurs années à faire les économies nécessaires pour en solder le prix. Non ! si on le fait entrer en jouissance immédiate de la demeure dont, grâce aux remarquables effets de l'amortissement, il deviendra propriétaire définitif, sans être obligé de se libérer autrement que par le simple versement d'une somme mensuelle en rapport avec ses moyens !

En parlant ainsi, nous ne nous laissons point entraîner par des théories trop généreuses ; nous avons pour nous l'expérience et la pratique qui, depuis de nombreuses années, ont consacré le succès des *Building societies* anglaises, des Cités ouvrières de Mulhouse, des Maisons ouvrières de plusieurs des centres industriels de l'Alsace et des Vosges, de la cité Havraise, des Cités ouvrières de Bolbec, etc., etc.

Pour citer un seul exemple entre tous, la Société des Cités ouvrières de Mulhouse, fondée en 1853 au capital de 300,000 francs, avait construit, en 1878, 980 maisons, ayant coûté 3,000,000 fr., sur lesquelles 945 étaient vendues en échange de mensualités dont la rentrée se faisait sans la moindre difficulté. En 1878, les acquéreurs ne devaient plus que 700,000 fr. environ.

Les maisons ouvrières de Mulhouse coûtent aujourd'hui 3,200 fr. ; on en devient propriétaire au moyen d'un paiement comptant de 300 fr. et d'un versement mensuel de 30 fr. pendant quatorze ans.

A Paris, le récent ouvrage de MM. Muller et Cacheux sur les habitations ouvrières en tous pays, nous apprend que des maisons comprenant trois chambres à coucher, une cuisine, une cave et un grenier, coûteraient 5,000 fr., terrain compris. Une société qui se contenterait de 4 °/₀ d'intérêt par an pour son capital, pourrait, tout en couvrant ses frais généraux, construire et vendre ces maisons moyennant un paiement comptant de 500 fr., et le versement d'une annuité de 500 fr. pendant quatorze ans.

Dans le cas où l'annuité serait répartie sur vingt années, et où elle serait par conséquent réduite à 400 fr., l'acquéreur n'aurait pas à payer une somme supérieure au loyer que coûtent actuellement, dans les quartiers excentriques de Paris, les logements d'ouvriers à peu près convenables, composés du même nombre de pièces, mais ayant l'inconvénient d'être situés aux étages les plus élevés, au lieu de constituer une maison entière et indépendante, comme celle que nous proposons. Ainsi, on peut devenir propriétaire par le seul fait d'habiter pendant vingt ans la même maison.

Nous pouvons donc et nous devons fonder sans plus tarder la **Société Parisienne des Habitations économiques.** Son but sera, non pas de faire de la charité, mais de la philanthropie. Ses actionnaires ne feront pas abandon du capital, ni même des intérêts, mais les statuts limiteront à 4 °/₀ le produit des actions, afin de bien établir le caractère de l'œuvre, qui peut se résumer en quelques mots :

Rendre aux personnes peu fortunées, mais laborieuses et économes, le service de les bien loger et de les aider à devenir propriétaires, par le système de l'amortissement.

Nous comptons sur vous, Monsieur, pour être parmi les premiers fondateurs de cette Société et pour souscrire le nombre d'actions de Fr. 500 que vous jugerez convenable, en remplissant le bulletin ci-inclus, que vous voudrez bien adresser à

MM. Jacques Siegfried et Cie, rue de Choiseul. Nous aurons soin de réunir prochainement les souscripteurs pour arrêter définitivement les Statuts et choisir les membres du Conseil d'administration.

Veuillez agréer, Monsieur, nos salutations distinguées.

> **Jean Dollfus,** fondateur des Cités ouvrières de Mulhouse.
> **Émile Muller,** ancien président de la Société des Ingénieurs civils, architecte des Cités ouvrières de Mulhouse.
> **Jules Siegfried,** fondateur de la Cité havraise et des Cités ouvrières de Bolbec.
> **Henri Bamberger,** propriétaire.
> **Émile Cacheux,** propriétaire d'habitations ouvrières, à Paris.
> **Jacques Siegfried,** propriétaire.

BULLETIN DE SOUSCRIPTION

Je soussigné ____ déclare souscrire à ____________________________ actions de 500 fr. chacune de la **Société Parisienne des habitations économiques.**

Je remets à MM. Jacques Siegfried et Cie, 1, rue de Choiseul, à l'appui de ma souscription, la somme de ______________________ francs, représentant le premier versement de 125 francs par action.

Je déclare adhérer aux statuts déposés chez Me Théret, à Paris, dont j'ai pris connaissance, et m'engage notamment à effectuer le versement des 375 francs restants, conformément aux stipulations des dits Statuts.

_____________________ le ______________ 1880.

(Signature).

Noms ____

Prénoms ____

Adresse ____

(1) Écrire en toutes lettres le nombre d'actions souscrites

Tableau des annuités à payer pour amortir un capital de 100 fr.
et des valeurs obtenues par le placement de versements annuels aux taux
de 3, 4 et 5 pour cent.

ANNÉES	ANNUITÉ QU'IL FAUT VERSER POUR AMORTIR UN CAPITAL DE 100 FR. PLACÉ AU TAUX DE			VALEUR OBTENUE PAR LE PLACEMENT ANNUEL DE 1 FR. AU TAUX DE		
	3 0/0	4 0/0	5 0/0	3 0/0	4 0/0	5 0/0
1	103.00	104.00	105.00	1.030	1.040	1 050
2	52.26	53.01	53.78	2.090	2.121	2 152
3	35.35	36.03	36.72	3.183	3.246	3 310
4	26.90	27.54	28.20	4.309	4.416	4 525
5	21.83	22.46	23.09	5.468	5.632	5 801
6	18.45	19.07	19.70	6.662	6.898	7 142
7	16.05	16.66	17.28	7.892	8.214	8 549
8	14.24	14.85	15.47	9.159	9.582	10 02
9	12.84	13.44	14.06	10.46	11.00	11 57
10	11.72	12.32	12.95	11.81	12.48	13 20
11	10.80	11.41	12.03	13.19	14.02	14 91
12	10.04	10.65	11.28	14.62	15.62	16 71
13	9.40	10.01	10.64	16.08	17.29	18 59
14	8.85	9.46	10.10	17.59	19.02	20 57
15	8.37	8.99	9.63	19.15	20.82	22 65
16	7.96	8.58	9.22	20.76	22.69	24 84
17	7.59	8.21	8.86	22.41	24.64	27 13
18	7.27	7.89	8.55	24.11	26.67	29 53
19	6.98	7.61	8.27	25.87	28.77	32 06
20	6.72	7.35	8.02	27.67	30.96	34 71
25	5.74	6.40	7.09	37.55	43.31	50 11
30	5.10	5.78	6.50	49.00	58.32	69 76
35	4.65	5.35	6.10	62.27	76.59	94 83
40	4.32	5.05	5.82	77.66	98.82	126 83
45	4.07	4.82	5.62	95.50	125 87	167 68
50	3.88	4.65	5.47	116.18	158 77	219 81
60	3.61	4.42	5.28	167.94	247 51	371 20

MODÈLE DE CARNET DE QUITTANCES

A L'USAGE DE LOCATAIRES DE MAISONS A ÉTAGES

SOCIÉTÉ PARISIENNE DES HABITATIONS ÉCONOMIQUES

CARNET DE QUITTANCES

Appartement n° ....

Prix par ....

Locataire M ....

AVIS

Le présent carnet est destiné à constater, par l'apposition du timbre spécial de la Société dans chacune des cases ci-après, les paiements de loyer effectués.

Le locataire est tenu de présenter le présent carnet à l'examen des agents de la Société, à toute réquisition de ceux-ci.

Délivré le ....

RÉGLEMENT relatif à l'occupation des maisons à étages
de la Société Parisienne des Habitations Économiques.

1° Les loyers sont payables par quinzaine et par anticipation entre les mains du receveur de la Société ; en cas de non paiement à l'échéance, le receveur aura le droit d'expulser immédiatement les locataires en défaut.

2° Les locataires, en cas de renonciation au bail de la maison ou de la partie louée, devront en prévenir le receveur au moins quinze jours à l'avance.

3° A défaut d'observations adressées par écrit au directeur de la société, les locataires en prenant possession de leur logement reconnaissent qu'il est en parfait état, toutes les portes munies de clefs, les fenêtres entières et saines. Ils doivent le rendre de même lors de leur sortie, et notamment remplacer les carreaux de vitres brisés, les serrures, les ferrures détériorées des portes et fenêtres, les clefs cassées ou perdues.

4° Les locataires doivent maintenir constamment leur logement en parfait état de propreté et notamment les latrines, éviers, etc.

Ils doivent veiller avec soin à l'entretien des robinets des eaux de la ville et préserver ces robinets de la gelée. Ils doivent aussi éviter de laisser couler les eaux inutilement et ne les employer que pour les besoins de leur ménage.

5° Les locataires du rez-de-chaussée sont tenus de nettoyer tous les matins et à tour de rôle par semaine le vestibule d'entrée de leur habitation ; chacun d'eux doit nettoyer journellement le trottoir devant son appartement.

6° Les locataires des étages sont tenus de nettoyer tous les matins et à tour de rôle par semaine, le palier et la volée d'escaliers, comprise entre leur appartement et l'étage immédiatement inférieur.

Les grosses provisions, telles que houille, bois, paille, etc, ne pourront être introduites dans les logements après neuf heures du matin.

7° Il est formellement défendu : 1° de faire aucun changement à la propriété ; 2° de sous-louer en tout ou en partie ; 3° d'établir dans les appartements aucune boutique, atelier, magasin ou débit de boissons.

Les locataires commerçants ne pourront débiter d'autres articles que ceux pour lesquels le magasin leur aura été loué ; 4° de déposer aucun objet dans les vestibules, paliers ou escaliers ; 5° de lessiver dans les rues et d'étaler du linge aux fenêtres ; 6° de tenir sans autorisation spéciale de là Société aucun animal domestique ou volatile quelconque ; 7° de faire aucune entaille dans les portes, fenêtres, tablettes et boiseries quelconques ; 8° de faire aucune inscription sur les murs, portes, etc.

8° Le receveur et les agents de la société auront en tout temps accès dans les appartements pour les inspecter et constater leur état d'entretien et conservation.

9° Le receveur aura le droit de faire déloger immédiatement les locataires qui ne se conformeront pas rigoureusement au règlement ci-dessus.

Arrêté par le conseil d'administration en séance du 12 avril 1876.

Pour copie conforme,

Le Directeur,

MODÈLE DE CARNET DE QUITTANCES

RELATIF A LA LOCATION AVEC PROMESSES DE VENTE DE MAISONS ISOLÉES

SOCIÉTÉ PARISIENNE DES HABITATIONS ÉCONOMIQUES

Maison n° _______________________________

Loyer par an _______________________________

A comptes versés _______________________________

Frais divers _______________________________

TOTAL _______________________________

AVIS

Le présent carnet est destiné à constater, par l'apposition du timbre spécial de la société dans chacune des cases ci-après, les paiements de loyers effectués.

Le locataire est tenu de présenter le présent carnet à l'examen des agents de la société, à toute réquisition de ceux-ci.

Délivré à Paris, le

*RÉGLEMENT relatif à l'occupation des maisons de la Société Parisienne
des Habitations Économiques*

Art. 1er. Les loyers sont payables par quinzaine et par anticipation,
entre les mains du receveur de la Société.

Art. 2. Chaque locataire, en ce qui concerne la partie de maison qu'il
occupe, reconnaît, en entrant dans la maison, que celle-ci est en parfait
état, toutes les portes garnies de clefs, les fenêtres entières et saines;
il doit la rendre de même lors de sa sortie, sauf l'usure naturelle des choses, ce qui sera contradictoirement constaté. Il doit notamment remplacer les carreaux de vitre brisés, les serrures et crémones de fenêtre
détériorées, les clefs cassées ou perdues. Il doit également maintenir
constamment son logement en parfait état de propreté

Art. 3. Le locataire principal de chaque maison doit entretenir en bon
état les éviers, égouts, gouttières, latrines de la maison. Il doit également nettoyer les vestibules, dégagements, escaliers, latrines, trottoirs
de la maison de manière à ce que la plus grande propreté y règne constamment.

Il doit cultiver le jardin faisant partie de la maison, le conserver tel
qu'il est tracé, veiller à la conservation des palissades et plantations, de
même qu'à celle des pompes dont il a la jouissance, et opérer en temps
opportun la vidange des fosses d'aisance.

Art. 4. La Société interdit formellement aux locataires :

1° De faire aucun changement intérieur ni extérieur à la propriété,
notamment de construire des porcheries, étables, etc., etc.

2° De sous-louer en tout ou en partie la chose louée.

3° D'établir aucune boutique, magasin, atelier ou débit de boissons
sans autorisation spéciale de la Société.

4° De faire aucun dépôt d'immondices ou autres dans les rues et chemins.

5° De placer dans les rues et chemins des tables, chaises, bancs ou
autres objets quelconques de nature à entraver la circulation.

6° De tenir sans autorisation spéciale de la Société aucun animal domestique ou volatile quelconque.

7° De lessiver dans les rues et chemins et d'y étaler du linge.

8° D'étaler aucun objet quelconque aux fenêtres donnant sur les rues
et chemins.

9° De faire aucune entaille dans les portes, fenêtres, tablettes et boiseries quelconques.

10° De faire aucune inscription sur les murs, portes, etc.

Arrêté par le Conseil d'administration, en séance du dix-sept juin 1880.

Pour copie conforme :

Le Directeur :

JANVIER

Loyer. . . . .
A-comptes sur prix principal. . . . .
Frais divers. . . . .
Intérêts en retard . . . .
Bonification sur versements anticipés . . .
Total . . . .

Paris, le
Le Receveur,

Timbre
de
quittance

FÉVRIER

MARS

AVRIL

MAI

JUIN

MODÈLE DE REGISTRE

A EMPLOYER

Pour opérations relatives à des ventes par annuités

GROUPE BOILEAU — MAISON, N° — ANNÉE — ACQUÉREUR

Prix de Vente _____
Acompte payé _____
Reste dû _____

DATE des paiements.	PAIEMENTS EFFECTUÉS par l'acquéreur.			INTÉRÊTS sur paiements faits d'avance.	PAIEMENTS A FAIRE par l'acquéreur			INTÉRÊTS sur paiements en retard.	RÉSUMÉ de l'exercice 188
	Intérêts	Acompte.	Frais divers.		Intérêts	Dépôts	Frais divers		
1 Janvier									
15 Janvier									
15 Février									
15 Mars									
15 Avril									
15 Mai									
15 Juin									
15 Juillet									
15 Aout									
15 Septembre									
15 Octobre									
13 Novembre									
15 Décembre									
31 Décembre. Total									

RÉSUMÉ de l'exercice 188 :

	DOIT	AVOIR
Intérêts		
Acomptes.		
Balance d'intérêts		
Total		
Reste		

L'acquéreur paiera donc pendant l'année 188

Paiements en retard _____
Intérêts _____
Acompte _____

DATE des paiements	DÉTAIL des frais particuliers.	SOMMES	DÉTAIL de frais divers.	SOMMES	
			Frais relatifs aux passages.....		
			Impôt foncier........................		
			Impôt mobilier......................		
			Eau....................................		
			Gaz....................................		
			Ramonage............................		
			Vidange...............................		
			Curage d'égoût.....................		
			Réparations particulières.........		
			Réparations générales............		
			Assurance foncière.................		
			Assurance mobilière...............		
			Assurance sur la vie...............		
			Total.............................		

MODÈLE DE RÉGLEMENT

POUR

HOTEL MEUBLÉ

A L'USAGE DES CÉLIBATAIRES

*Adopté par le Gouvernement français pour son établissement
de ce genre construit avec une partie des fonds affectés à l'amélioration
des logements d'ouvriers*

Administration

La maison meublée dite des célibataires, située rue   ,
est administrée en régie par un régisseur.

Le régisseur a sous ses ordres immédiats un gardien-chef,
aidé d'un ou de deux garçons de service selon les besoins de
la maison.

Ces sous-employés sont nommés par l'administration qui
peut également les révoquer ou leur infliger des amendes.

Le gardien-chef reçoit un traitement annuel de 1,000 fr. qui
peut être élevé à 1,200 fr. après deux années de service, et à
1,500 fr. après deux autres années.

Chaque garçon de service reçoit un traitement annuel de
900 fr. qui peut être élevé à 1,000 fr. après deux années de
service et à 1,100 fr. après deux autres années.

Le gardien-chef est logé dans la maison. L'administration
lui fournit le mobilier de bureau, les registres, les ustensiles

nécessaires à son service. Il est chauffé et éclairé aux frais de
l'asile. Il doit être marié et habiter avec sa femme, qui est tenue
de le suppléer dans la surveillance à exercer en cas de maladie
ou d'absence.

Les garçons de service sont également logés dans la maison,
meublés et éclairés aux frais de l'asile. S'ils sont mariés, ils
ne pourront faire loger avec eux leur femme et leurs enfants
que sous la réserve de l'approbation du régisseur. Il leur est
interdit de découcher à moins qu'ils ne soient en permission.

Le gardien-chef a le droit de donner aux garçons de service des permissions de sortie qui ne peuvent dépasser vingt-
quatre heures.

Les permissions de sortie ne peuvent être accordées que
lorsqu'il a été pourvu d'une manière convenable au service du
permissionnaire.

Un médecin du bureau de bienfaisance de l'arrondissement
est spécialement attaché à la maison des célibataires.

AMÉNAGEMENT DE LA MAISON.

La maison est divisée en trois parties : les chambres à
louer, situées aux étages ; la salle de réunion, située au rez-
de-chaussée, côté gauche du passage d'entrée, et le restaurant,
situé au rez-de-chaussée, côté droit du passage.

CHAMBRES EN LOCATION,

Les chambres ne peuvent être louées qu'à des ouvriers
seuls, porteurs de certificats de bonne conduite et de moralité.

Il ne peut être loué plus d'une chambre au même locataire.

La location ne peut être faite pour moins de quinze jours.
Elle est payable d'avance.

Si à l'échéance d'une quinzaine, un locataire ne paie pas la
quinzaine suivante, il doit quitter sa chambre immédiatement,
à moins que le régisseur ne l'autorise à rester.

La quinzaine commencée est acquise à l'administration de l'asile.

Le prix d'une chambre dans les étages est fixé à 18 fr. par mois, il est de 14 fr. dans les mansardes.

Tout locataire est en droit, à l'expiration d'une quinzaine, d'exiger qu'on lui donne telle autre chambre disponible qu'il désignera.

En cas de concurrence pour la même chambre, la préférence sera donnée au locataire le plus ancien en date. Dans le doute, ou à égalité de date entre plusieurs locataires, le sort décidera.

SALLE DE RÉUNION.

La jouissance de la salle de réunion est commune à tous les locataires, qui peuvent y écrire, lire, travailler ou s'y reposer selon leur convenance, à la seule condition de s'y comporter avec décence, et de manière à ne pas troubler l'ordre.

Elle est pourvue de tables, de chaises, d'encriers et de livres de lecture.

Sur la demande des locataires, le gardien-chef met à leur disposition des jeux de dames, d'échecs et de dominos, et les livres de la bibliothèque, aussitôt qu'il sera possible d'en former une dans l'établissement. Les jeux de cartes et en général les jeux de hasard y sont interdits. Il est expressément défendu d'y faire de la consommation.

La salle de réunion est chauffée et éclairée ; elle demeure ouverte en toute saison depuis midi jusqu'à onze heures du soir.

SERVICE INTÉRIEUR.

Le gardien-chef est placé sous l'autorité immédiate du régisseur.

Il tient les registres comptables et de police prescrits par le régisseur ou par les règlements d'administration publique. Il loue les chambres et reçoit les prix de location dont il fait le versement immédiat entre les mains du régisseur qui en demeure responsable.

Il est chargé du service de la porte, des chambres, de la salle de réunion et des calorifères.

Il relève sur un carnet les quantités d'eau et de gaz consommées chaque jour dans la maison.

Il assure la propreté de la maison au dedans et au dehors, par des nettoyages et des balayages fréquents.

Les garçons de service sont placés sous les ordres immédiats du gardien-chef et concourent avec lui à tous les services intérieurs et extérieurs, à l'exception du travail de bureau et de la garde de la porte dont le gardien-chef reste exclusivement chargé.

Le gardien-chef ne peut s'absenter pour vaquer à des affaires personnelles, qu'avec l'autorisation du régisseur et après avoir pourvu aux nécessités de son service. Cette autorisation ne peut dépasser la journée.

Toute demande de congé excédant la journée doit être adressée au directeur de l'asile par l'intermédiaire et avec l'avis motivé du régisseur.

Pendant la durée des congés du gardien-chef et des garçons de service, il est pourvu à leur remplacement à leurs frais, à moins d'une décision contraire du directeur.

MESURES D'ORDRE.

Les locataires doivent faire leurs ablutions dans les lavabos de l'étage où ils ont leurs chambres.

Chaque jour avant midi, les chambres sont balayées, nettoyées et remises en ordre par le gardien-chef ou les garçons de service.

Chaque semaine, le gardien-chef est tenu de faire la revue générale et détaillée des chambres et de la salle de réunion.

Il relève sur un carnet spécial les objets qui ont besoin d'être réparés ou remplacés. Un extrait de ce carnet est remis au régisseur qui le transmet au directeur avec un bon indiquant les réparations à faire ou les remplacements à opérer.

Les draps de lit sont changés tous les quinze jours, et les serviettes deux fois par semaine dans les chambres occupées par le même locataire.

Tout nouveau locataire a droit à une paire de draps et une serviette propres.

Le gardien-chef indique ces changements à leur date en indiquant le n° de la chambre et l'étage où ils ont lieu.

Le linge de la maison des ouvriers célibataires est blanchi et réparé à l'asile national.

Le gardien-chef tient un inventaire général des objets mobiliers de toute nature appartenant à l'asile national. Il en est responsable et fournit à cet effet un cautionnement de mille francs qui est versé à la caisse de l'asile comme les cautionnements des fournisseurs adjudicataires et produit le même intérêt.

Tous les trois mois le régisseur doit procéder au récolement du mobilier de la maison. Il dresse, s'il y a lieu, un procès-verbal de mise en destruction des objets reconnus hors de de service, détruits ou perdus, par cas de force majeure, et met au compte du gardien chef, les objets manquants ou détruits par fait de négligence, sauf le recours du gardien-chef contre qui de droit.

Le procès-verbal de destruction est visé par l'économe et par le directeur de l'asile.

Le gardien-chef tient à la disposition des locataires, au prix d'achat, les objets nécessaires à la correspondance, ainsi que des timbres-poste.

En cas de maladie ou d'accident d'un locataire, le gardien-chef est tenu de prévenir, sans retard, la famille du malade, le médecin de la maison ou les autres personnes dont le malade lui désigne les noms et les adresses. Il doit également, si le malade en fait la demande, appeler près de lui une garde-malade, religieuse ou laïque.

Dans ce cas, et si la maladie n'offre aucun danger pour la santé des autres locataires, le gardien-chef est tenu de préparer dans son logement les potions simples prescrites par le médecin.

Si la maladie présente, au contraire, des dangers pour la santé des autres locataires, ou si le médecin déclare que le malade ne peut être soigné à domicile, le gardien-chef doit le faire transporter à l'hôpital.

Hormis le cas de maladie, le gardien-chef ne doit se charger d'aucune course on commission pour les locataires, ni permettre que sa femme ou les garçons de service s'en chargent.

Les frais de toute nature, occasionnés par la maladie d'un locataire, sont à sa charge. Le gardien-chef ne peut en faire l'avance qu'à ses risques et périls.

Chaque locataire reçoit une clé de sa chambre, qu'il est tenu de représenter au terme de sa location. Le prix d'une clé perdue ou détruite est fixé à un franc.

Les locataires, en sortant de leur chambre, doivent fermer leur porte et en remettre la clé au bureau.

Le gardien-chef est autorisé à prendre en dépôt les objets qui lui seront confiés par les locataires.

Tout locataire dont la conduite exciterait le scandale ou le désordre pourrait être expulsé par le régisseur, sauf recours au directeur de l'asile.

ANNEXES.

MOBILIER DES CHAMBRES.

Chaque chambre sera garnie des meubles ci-après désignés :

Une couchette en fer avec sommier élastique, un matelas en laine et crin, un traversin, un oreiller, une couverture en laine légère pour l'été, une seconde couverture en laine forte pour l'hiver, une paire de draps en toile grise et un essuie-mains.

Une armoire basse en chêne plein, à deux portes fermant à clé, avec rayons et tiroirs supérieurs.

Une table de nuit en chêne plein avec dessus en marbre, munie d'un vase de nuit.

Un miroir,

Une cuvette avec carafe et verre,

Une chaise en chêne avec siége en canne,

Une serviette,

Des rideaux de fenêtre en toile de coton blanche,

Trois crochets pour suspendre les vêtements,

Un crachoir en bois avec revêtement intérieur en zinc, garni de sable,

Un bougeoir en cuivre.

Le locataire pourra en outre, se servir des porte-manteaux établis sur chaque palier, pour brosser et battre ses vêtements.

L'établissement modèle dont nous nous occupons ne donne pas de bénéfices, quoique toutes les chambres soient louées, aux prix habituels que paient les ouvriers dans les garnis privés, savoir de cinq à sept francs par quinzaine. Les chambres sont trop confortables d'après nous, et ce qui, nous confirme dans notre opinion, c'est que 60 0/0 d'entre elles, sont habitées par des employés. Pour retirer des bénéfices d'un hôtel garni, il faudrait construire un bâtiment bien plus économiquement que celui qui a été fait par l'État. Les architectes du gouvernement construisent très solidement, mais à un prix très élevé, et nous croyons qu'il y a intérêt à établir les bâtiments destinés aux ouvriers le plus économiquement possible, pour deux raisons, savoir :

1° L'argent placé à intérêts composés double en quatorze ans, tandis qu'une construction faite très légèrement dure toujours plus de quinze ans.

2° Les hôtels garnis sont placés dans les villes industrielles. L'importance des villes industrielles augmente souvent dans des proportions considérables ; il en résulte une plus value pour la propriété telle qu'il est souvent avantageux de changer la destination des immeubles habités par les ouvriers. Ainsi à Paris le quartier Chaillot était en grande partie habité par des ouvriers, aujourd'hui on n'y trouve plus de terrain à moins de 300 à 400 francs le mètre et les petits logements sont transformés en grands appartements. C'est pour ces deux raisons que nous proposons d'établir un hôtel garni en réduisant les dépenses au minimum. Le mobilier d'une chambre nous reviendra à 284 francs 50, comme nous l'indique le tableau ci-après.

	MOBILIER D'UNE CHAMBRE	PRIX
1°	Un lit en fer avec sommier	33 »
2°	Un matelas laine et crin (18 kil.)	65 »
3°	Un traversin en plumes	10 »
4°	Un oreiller en plumes.	10 »
5°	Une couverture en laine (3 kil.)	14 »
6°	id en coton ou laine légère . . .	8 »
7°	Une armoire basse ou bahut avec porte et tiroirs en chêne plein.	50 »
8°	Une table de nuit en chêne plein, avec un vase de nuit	10 »
9°	Trois paires de draps	60 »
10°	Six serviettes.	6 »
11°	Trois paires de rideaux à 1 fr. 50	6 »
12°	Une chaise en hêtre avec siège en canne . . .	4 »
13°	Une cuvette avec carafe et verre	2 50
14°	Trois crochets en fonte pour suspendre les vêtements	1 »
15°	Un crachoir en bois avec revêtement en zinc. .	1 »
16°	Un bougeoir en cuivre	1 »
17°	Un miroir.	3 »
	Total	284 50

L'expérience prouve que le nombre de chambres le plus favorable est de cent, par suite le mobilier reviendrait à 28,450 francs. Malgré les prix élevés de la construction, on pourrait encore construire dans Paris pour 150,000 francs un bâtiment élevé sur caves d'un rez de chaussée, de deux étages carrés, et d'un comble mansardé. Le rez de chaussée comprendrait deux boutiques et un logement de concierge, et les cinq étages chacun vingt chambres avec privés et lavabos. Les dimensions de chaque chambre seraient de 1^m80 en largeur, 3^m00 en longueur, 2^m60 en hauteur. Le cube de chaque pièce serait donc de 14 mètres cubes indiqué par les réglements de police pour une chambre à coucher servant à une personne. Le prix de revient de cet établissement serait établi comme suit :

Prix du terrain, 250 m. à 100 fr. le mètre . . . . 25000 fr.
Frais de construction de la maison 150000
Mobilier. 28450
Viabilité. — Pertes d'intérêts. — Frais imprévus . . . 650
      Total. 210000

Le prix de location d'une chambre serait établi de la façon suivante :

Intérêts du capital déboursé	10500
Charges du bâtiment : impôts. — Entretien évalué au cinquième de l'intérêt du capital de construction	2600
Impôt spécial de la patente pour une maison garnie	400
Abonnement annuel à la Compagnie des eaux	120
Alimentation de quinze becs de gaz	450
Assurance du bâtiment et du mobilier	100
Chauffage des corridors et du concierge	Mémoire.
Entretien du mobilier à l'exclusion du linge évalué à 6 0/0 des frais d'acquisition	1275
Entretien et blanchissage du linge évalué au cinquième du capital d'acquisition	1440
Frais de vidange	300
Traitement du concierge gérant et de sa femme.	1500
Vacances. — Frais imprévus	415
	19000
Le prix de location du rez-de-chaussée serait de.	3000

Donc le produit brut d'une chambre devrait être de 190 francs par an pour pouvoir donner 4 1/2 0/0 aux actionnaires de la Société qui ferait l'hôtel, en admettant qu'il faille prélever 1/2 0/0 du capital déboursé pour frais d'administration et constitution de la réserve.

Dans l'établissement de l'État deux employés spéciaux font le ménage des locataires, de plus deux calorifères brûlent 1000 francs de combustible pour maintenir une température convenable dans les couloirs et la salle de lecture. La réalisation de ce confortable nécessiterait une dépense de 4,000 fr., ce qui éleverait de 40 francs le prix annuel de location de la chambre. Nous croyons que dans un hôtel garni pour ouvriers il faudrait laisser le locataire libre de faire son ménage lui-même, ou de payer au concierge pour cette tâche une rémunération fixée par un tarif; pour le chauffage nous établirons dans chaque chambre une cheminée. Tout locataire qui voudra du feu s'arrangera avec le concierge. Les rez de chaussée du bâtiment de l'État sont consacrés à une salle de lecture et à un restaurant. La salle de lecture est fréquentée, le restaurant n'a jamais fonctionné. Nous croyons qu'il faudrait établir ces deux institutions de façon à ce qu'elles puissent se soutenir par elles-mêmes et payer aux propriétaires de l'hôtel la somme que nous avons fixée dans le détail du revenu de l'hôtel. Nous ne verrions aucun empêchement à laisser le public profiter de ces deux institutions, dans le cas où les locataires ne pourraient les faire vivre. En résumé, en donnant à l'ouvrier la jouissance d'une chambre convenable, on lui ferait payer 15 francs par quinzaine, prix qu'il paie ordinairement chez les logeurs et moyennant le paiement de 18 à 20 francs par quinzaine, il serait facile de mettre à sa disposition, des employés pour faire son ménage, une salle de lecture et un restaurant où il pourrait prendre ses repas à des prix très modiques.

Nous traiterons dans une partie spéciale de notre ouvrage intitulé le *Philanthrope pratique*, la question des bibliothèques populaires et des restaurants économiques ; c'est pourquoi nous passerons immédiatement à la quatrième partie de ce travail, destinée à faire connaître les statuts de sociétés qui s'occupent de venir en aide aux personnes qui, pour une cause ou pour une autre, sont incapables de payer un loyer suffisant pour se loger conformément aux lois de la morale et aux règles de l'hygiène.

QUATRIÈME PARTIE

STATUTS DE SOCIÉTÉS DE BIENFAISANCE
Qui ont pour but de loger à prix réduits les travailleurs

Il existe dans Paris plusieurs œuvres des loyers. Nous donnons, comme spécimen, les statuts de celle du dix-septième arrondissement qui fonctionne parfaitement.

L'assistance publique et plusieurs sociétés privées viennent en aide aux personnes qui ne peuvent payer leurs loyers, mais tout ce qui a été fait jusqu'ici ne constitue pas un moyen préventif de détruire les habitations insalubres, c'est pourquoi nous serions très heureux de voir se fonder à Paris des associations dans le genre de la société des loyers de Strasbourg, dont nous reproduisons les statuts. Nous avons arrêté, M. Estibal et moi, le projet des statuts d'une société qui rendrait de grands services, si des personnes généreuses voulaient se joindre à nous pour la fonder. C'est dans cet espoir que je terminerai ce travail par l'énoncé des statuts de la Société des habitations ouvrières de la Seine.

ŒUVRE DES LOYERS DU 17ᵐᵉ ARRONDISSEMENT.

ART. 1. — Il est créé dans le 17ᵐᵉ arrondissement de Paris une œuvre de bienfaisance qui prend le nom de : *Œuvre des loyers du 17ᵉ arrondissement.*

ART. 2. — Elle a pour but de venir en aide aux vieillards malheureux, en leur procurant des logements à titre gratuit, ou en les recueillant dans un asile commun dès que les ressources le permettront.

Art. 3. — Le siège de l'œuvre est à Paris, dans le 17me arrondissement. Il sera fixé par décision du conseil d'administration.

Art. 4. — Peuvent être admis aux bénéfices de l'œuvre les vieillards des deux sexes, veufs, célibataires ou mariés, sans distinction aucune de croyance ou d'opinion, âgés de 65 ans accomplis, et résidant dans l'arrondissement depuis au moins cinq ans.

Art. 5. — La société est composée de membres fondateurs et de membres sociétaires.

Le titre de sociétaire-fondateur appartient à toute personne qui, dans le délai d'un mois à partir de l'adoption des présents statuts par l'assemblée générale, aura versé une somme d'au moins 25 francs, ou qui dans la suite fera un don de 200 francs.

Sont membres sociétaires les personnes qui s'engagent à payer une cotisation annuelle dont le minimum est fixé à 6 francs.

TITRE II

ADMINISTRATION.

Art. 6. — L'œuvre est administrée par un conseil de neuf membres, élus pour 3 ans, en assemblée générale, à la majorité absolue des membres présents.

Si un deuxième scrutin était nécessaire, l'élection aurait lieu à la majorité relative.

Art. 7. — Le conseil se renouvelle par tiers, chaque année ; les membres sortants sont rééligibles ; pour les deux premières années, ils seront désignés par le sort.

Art. 8. — Le conseil choisit chaque année son bureau, composé de :

1° Un Président.

2° Un Vice-Président.

3° Un Secrétaire.

L'assemblée générale adjoint aux membres du bureau un trésorier, qui peut être pris en dehors des membres du Conseil.

Art. 9. — Le conseil prend toutes les mesures qu'il juge nécessaires à la prospérité de l'œuvre ; il statue sur les demandes d'admission aux bénéfices qu'elle assure ; il vote les dépenses, et détermine le mode de placement des fonds.

Art. 10. — Le conseil se réunit sur la convocation du président, aussi souvent que l'exigent les intérêts de l'œuvre, et au moins une fois par mois.

Les décisions sont prises à la majorité des voix ; la présence de 5 membres suffit pour les valider. En cas de partage, la voix du président est prépondérante.

Les procès-verbaux des séances sont signés du Président et du Secrétaire.

Art. 11. — Les décisions relatives à des acquisitions, aliénations ou échanges d'immeubles, seront prises par l'assemblée générale.

Les acceptations de legs ou donations et les transferts de titres auront lieu en vertu d'une décision du conseil sur la signature du Président et celle d'un membre délégué à cet effet.

Ces diverses décisions devront être soumises à l'approbation du gouvernement.

Art. 12. — Le Président représente l'œuvre en justice et partout où elle est appelée à figurer activement ou passivement.

Art. 13. — Toutes les fonctions du bureau sont gratuites.

TITRE III

RESSOURCES. — COMPTABILITÉ.

Art. 14. — Les ressources de l'œuvre se composent :

1° Des versements des membres-fondateurs ;

2° Des revenus de toute nature provenant des fonds placés ;

3° Des souscriptions annuelles ;

4° Des dons volontaires ;

5° Du produit des bals, concerts, conférences, loteries, etc..., organisés à son profit ;

6° Des donations ou des legs dont l'acceptation aura été autorisée conformément à l'article 910 du Code civil ;

7° Enfin des subventions qui pourraient être accordées.

Art. 15. — Les revenus et les souscriptions annuelles pourront être immédiatement employés au paiement de loyers ; les versements des Membres fondateurs, les dons volontaires, le produit des bals, conférences, etc., celui des donations, legs, ou subventions seront placés en rentes sur l'état, en obligations de chemins de fer français garantis par l'état, en actions de la Banque de France, ou enfin en immeubles aussitôt que leur importance le permettra.

Art. 16. — Le trésorier est chargé de la perception des recettes et du payement des dépenses.

Il fournit tous les mois au conseil un bordereau constatant l'état de la caisse et la situation financière de l'œuvre. Il rend compte au conseil de sa gestion à fin d'exercice.

Art. 17. — Les fonds libres sont déposés dans une caisse publique jusqu'à leur emploi ultérieur.

TITRE IV

DISPOSITIONS GÉNÉRALES.

Art. 18. — Un règlement détermine les conditions d'administration intérieure, celles d'inscription ou de radiation des bénéficiaires, et, en général, toutes les dispositions secondaires propres à assurer l'exécution des statuts.

Art. 10. — Chaque année au mois de décembre tous les membres fondateurs ou sociétaires sont convoqués en assemblée générale pour entendre le rapport du conseil d'administration sur la situation morale et financière de l'œuvre.

Dans cette réunion ils arrêtent les comptes de l'année, procèdent au remplacement des membres sortants conformément à l'article 6, et sont appelés à délibérer sur les différentes propositions portées à l'ordre du jour. (La convocation se fera 10 jours à l'avance).

Des exemplaires du compte-rendu et du procès-verbal de la séance sont adressés au ministre de l'intérieur.

Art. 20. — Toute modification aux présents statuts, proposée par le conseil ou par un cinquième au moins des membres de l'œuvre, est portée devant l'assemblée générale.

La proposition devra être adressée au Président un mois à l'avance.

Pour être valables, les modifications devront avoir été adoptées en assemblée générale, à la majorité des trois quarts des membres présents et être soumises à l'approbation du gouvernement.

Art. 21. — La dissolution ne pourra être prononcée que par une assemblée générale, spécialement convoquée à cet effet, sur la demande du conseil ou d'un cinquième au moins des membres inscrits. La décision devra être prise à la majorité des 3/4 des membres présents.

Cette assemblée présentera au gouvernement l'institution de bienfaisance qui sera appelée à bénéficier des biens et valeurs appartenant à l'œuvre des loyers.

Art. 22. — La société s'interdit toutes discussions et toute propagande politiques et religieuses.

Société des Loyers de Strasbourg

MOTIFS DE L'ASSOCIATION.

Considérant que le meilleur moyen de développer la vie de famille consiste à attacher l'homme à son intérieur en lui offrant un logement agréable et sain ;

Considérant que notre ville ne possède pas, comme tant d'autres, de cité ouvrière ;

Considérant qu'il est néanmoins possible de provoquer et d'entretenir l'assainissement et la bonne tenue des petits logements ;

Considérant en outre qu'il est moral et rationnel de venir en aide aux familles qui, par suite de chômage forcé ou de maladie, se verraient obligées d'abandonner leur demeure et leur mobilier, faute de pouvoir acquitter le montant du loyer ;

Les soussignés ont résolu ce qui suit :

STATUTS.

§ 1. *Formation et but de l'Association.*

Il est formé entre les soussignés une Société sous la dénomination de : *Société des loyers de Strasbourg.*

Elle a pour but :

1° D'obtenir des propriétaires le bon entretien et l'assainissement des petits logements ;

2° De faciliter aux locataires de ces logements le paiement de leur loyer ;

3° D'encourager les familles peu aisées tant à l'ordre, à l'économie et à la prévoyance, qu'à la bonne tenue de leurs logements ;

4° D'étudier successivement, pour les mettre en pratique, les moyens qui servent à attacher l'homme à son intérieur, et de développer ainsi la vie de famille.

§ 2. *Siège et durée de la Société.*

Le siège de la Société est à Strasbourg, sa durée est illimitée.

§ 3. *Composition de la Société.*

La Société se compose de membres fondateurs, de membres honoraires et de membres participants.

Les membres fondateurs sont les signataires des présents statuts.

Est membre honoraire toute personne qui voudra bien contribuer annuellement aux ressources de la Société par une souscription de 5 fr. au moins.

L'assemblée générale pourra, sur la proposition du Comité, conférer aussi ce titre à MM. les présidents des Sociétés de secours mutuels et à ceux des membres participants qui se seront particulièrement distingués par leur caractère et leur moralité.

Les membres participants sont ceux qui, à un titre quelconque, profitent des avantages qu'offre la Société.

§ 4. *Droits et obligations des membres fondateurs.*

Les membres fondateurs ont la haute direction de la Société. Ils forment l'assemblée générale.

En cas de décès ou de retraite de membres fondateurs, ou lorsque l'extension des opérations de la Société semblera l'exiger, ils se compléteront et augmenteront leur nombre par l'adjonction de ceux des membres honoraires qu'ils trouveront disposés à accepter cette mission.

Les membres ainsi admis prendront le titre de membres

titulaires et auront les mêmes droits et obligations que les membres fondateurs.

L'opportunité du remplacement des membres fondateurs décédés ou démissionnaires, de même que celle de l'augmentation de leur nombre primitif, sera décidée en assemblée générale sur la proposition de la commission administrative, laquelle sera chargée de l'exécution de la décision.

Le choix de membres titulaires que fera la commission parmi les membres honoraires sera soumis à l'approbation de l'assemblée générale.

Les membres fondateurs s'engagent :

1° A payer une cotisation annuelle de 5 fr. au moins ;

2° A se rendre personnellement utiles en acceptant de faire les démarches ou d'exécuter tel travail que la commission leur confiera dans l'intérêt de l'œuvre ;

3° A faire connaître l'œuvre aux propriétaires, chefs d'établissements industriels, etc., qui auraient intérêt à la seconder, soit par esprit de charité ou pour toute autre cause ;

4° A en propager surtout la connaissance parmi les ouvriers, petits employés, artisans ou autres personnes qui pourraient être dans le cas de se faire admettre comme membres participants ;

5° A recueillir les cotisations des membres honoraires ;

6° A se charger, à tour de rôle et suivant les besoins, de l'inspection des logements, de faire auprès des propriétaires les démarches nécessaires pour en obtenir, s'il y a lieu, l'assainissement ; d'assister, chacun en sa spécialité, les membres de l'Association qui en auront fait la demande à la commission administrative, dans toutes les affaires civiles dans lesquelles ceux-ci pourront être intéressés.

§ 5. *Membres honoraires.*

Les membres honoraires sont dispensés de prendre part

aux travaux ordinaires de la Société, sauf les cas où la commission se trouverait dans la nécessité d'avoir recours à leur concours moral ou à leurs conseils.

Les dons volontaires qu'ils voudront faire à l'Association, en dehors de la cotisation fixée, et qui seront reçus avec reconnaissance, devront être adressés au trésorier, qui leur en accusera réception au nom de la Société.

Les membres honoraires ont droit d'assister aux assemblées générales avec voix consultative.

Les remplaçants des membres fondateurs décédés ou démissionnaires ne pourront être choisis que parmi les membres honoraires ; il en sera de même dans le cas où l'assemblée générale déciderait qu'il y a lieu d'augmenter le nombre des membres fondateurs.

Dans l'un et l'autre cas, les membres honoraires admis prendront le titre de membres titulaires.

§ 6. *Membres participants.*

Ne sont reçus membres participants que des personnes d'une moralité reconnue. La commission ne doit aucun compte du refus d'admission qu'elle prononcera.

Les membres participants se font inscrire chez le trésorier de l'œuvre et produisent, au moment de l'inscription, leur bail ou un certificat du propriétaire attestant le chiffre trimestriel de la location.

Ils déposeront entre les mains du trésorier, chaque semaine, et par avance, le treizième du montant de leur loyer trimestriel. Ils pourront aussi déposer pour plusieurs semaines à l'avance.

Provisoirement et jusqu'au moment où les besoins l'exigeraient autrement, les dépôts se feront tous les dimanches de onze heures à midi.

Les sommes déposées ne pourront être remboursées que

tous les trimestres, aux jour et heure à déterminer par la commission, et dont il sera donné connaissance aux membres participants par une affiche placée dans le local de la recette.

Il sera délivré aux déposants un livret sur lequel seront inscrits leurs versements et les remboursements qui leur seront faits ; en tête de ce livret seront mentionnées les dispositions qui intéressent les membres participants.

Les déposants fourniront, le dimanche où ils effectuent à nouveau leur premier versement, la justification de l'acquit du propriétaire, émargé sur un bulletin spécial qui leur aura été remis par le trésorier.

Toutes les opérations seront constatées sur les registres de la Société, et la caisse sera libérée par le seul effet de la mention sur le livret de la somme remboursée ; cette mention sera revêtue de la signature du trésorier et de l'un des membres de la commission, désignés à tour de rôle par le président pour assister le trésorier, et veiller à la tenue régulière de la comptabilité et des écritures.

Les membres participants qui auront toujours effectué régulièrement leurs dépôts hebdomadaires, et qui, par suite de maladie ou de chômage forcé constatés, n'auront pas pu effectuer le versement intégral du montant de leur loyer, pourront recevoir, selon la circonstance, une avance ou un secours. — Mention de cette avance ou de ce secours sera faite sur le livret.

Les membres participants dont les logements auront été le mieux entretenus pendant le courant de l'année, concourront à l'obtention de primes d'honneur, dont le nombre et l'importance sont votés en assemblée générale, sur la proposition de la commission administrative. Mention de cette distinction sera également faite sur le livret.

Ne seront admis à participer à ce concours que ceux des déposants qui auront toujours exactement effectué leurs versements hebdomadaires, sauf le cas d'excuse (par maladie ou chômage), et qui se seront particulièrement distingués par leur moralité et leur bonne conduite.

Les membres participants auxquels auront été décernées trois primes d'honneur, pourront être proposés par la commission pour obtenir de l'assemblée générale le titre de membre honoraire de la Société.

Ils jouiront ainsi de tous les droits attachés à ce titre, même de la faculté de pouvoir être nommés membres titulaires, sans être astreints à un minimum de versement annuel.

Tout déposant qui, sans motif reconnu fondé par la commission, aura négligé d'effectuer son versement hebdomadaire, pourra être exclu de la Société ; cette exclusion est prononcée par la commission, et il en sera fait rapport à l'assemblée générale.

Les membres participants ont le droit de réclamer l'assistance de la Société :

1° Dans les différends qui pourraient s'élever entre eux et leurs propriétaires ;

2° Dans les affaires civiles dans lesquelles ils pourront être intéressés, telles que procès civils, affaires de succession, etc.;

3° Dans les cas où ils auraient besoin d'un patronage et de recommandations efficaces pour eux-mêmes ou l'un ou l'autre des membres de leur famille.

Les consultations judiciaires sont constamment gratuites.

Pour l'obtention de ces différentes assistances, les membres participants auront à s'adresser au président, au secrétaire ou au trésorier de la commission.

Après une année de dépôts réguliers il sera remis gratuitement au déposant un diplôme de membre participant qu'il devra exposer dans sa demeure.

Les membres participants munis d'un diplôme ont droit

d'assister comme auditeurs aux séances des assemblées générales.

Dans le cas où pour un motif quelconque, un membre participant serait exclu de la Société le diplôme lui serait retiré.

§ 7. *Administration de la Société.*

La Société est représentée et gérée par une commission
composée de douze membres, qui choisissent dans leur sein :
un président, un vice-président, un trésorier, un trésorier-
suppléant, un secrétaire et un secrétaire-adjoint.

Leurs fonctions sont gratuites ; la commission est responsable de la gestion des fonds, jusqu'au moment où les ressources de la Société permettront de nommer un trésorier
rétribué et fournissant cautionnement.

Les membres de la commission administrative sont nommés
au scrutin secret et à la majorité des suffrages, par les membres fondateurs et titulaires, s'il y a lieu, réunis en assemblée
générale.

Le quart des membres de la commission est renouvelé
chaque année. Les membres sortants sont tirés au sort les trois
premières années ; les années suivantes ils sortent par rang
d'ancienneté.

Les membres sortants ne sont rééligibles que l'année suivante, sauf le président, le trésorier et le secrétaire, qui sont
constamment rééligibles.

La présence de la moitié plus un des membres de la commission est nécessaire pour délibérer.

Les décisions ont lieu à la majorité ; en cas de partage, la
voix du président ou de celui qui le remplace est prépondérante.

* En cas de décès ou de démission d'un ou de plusieurs de
ses membres, la commission pourvoira à leur remplacement
provisoire jusqu'à l'époque des élections suivantes.

Il sera formé, dans le sein de la commission, un comité de trois membres, chargé de l'inspection des logements des déposants, et une commission de deux membres chargée de donner des consultations gratuites aux adhérents et aux déposants de la Société, dans les différends entre propriétaires et locataires et dans toutes les affaires civiles dans lesquelles ils pourront être intéressés, la Société offrant une assistance morale dans toutes les affaires légitimes.

Elle se réunit en séance ordinaire une fois par mois à jour fixe, et de plus le dernier dimanche de chaque trimestre, pour décider des demandes de secours et d'avances à faire aux membres participants.

Elle décide de l'admission des membres participants, sans avoir, en cas de non-admission, à faire connaître les motifs de son refus.

Elle examine lesquels des membres participants auront mérité des primes, et propose le nombre et l'importance de celles-ci, eu égard aux ressources de la caisse, pour les soumettre au vote de l'assemblée générale annuelle.

Elle propose à l'assemblée générale, pour obtenir le titre de membres honoraires, ceux des membres participants auxquels trois primes d'honneur auront été décernées et qui se seront distingués par leur caractère et leur moralité.

Elle soumet à l'approbation de l'assemblée les remplaçants des membres fondateurs décédés ou démissionnaires, et constate, pour la proposer à l'assemblée générale, l'opportunité d'augmenter le nombre des membres fondateurs par l'adjonction de membres titulaires.

Elle prononce l'exclusion de ceux des membres participants qui auront négligé de faire les versements hebdomadaires ou qui se seraient rendus indignes de faire partie de la Société par une inconduite notoire ou des contraventions fréquentes (habituelles) aux règles prescrites.

12

§ 8. *Trésorier.*

La commission administrative nomme dans son sein le trésorier et répond avec celui-ci de la gestion des deniers confiés ou appartenant à la Société.

. Lorsque les ressources de celle-ci le permettront, le trésorier pourra être nommé en dehors de la commission ; mais il devra fournir un cautionnement dont l'importance sera déterminée par l'assemblée générale et sera soumise à l'approbation de l'autorité supérieure.

Le trésorier recevra les dépôts et sera tenu de les verser dès le lendemain en compte courant soit dans une maison de commerce ou de banque de la ville, choisie par la commission, soit à la Recette générale.

Il opère sur sa seule signature le retrait des sommes ainsi déposées.

Il inscrira à leur date dans son livre de caisse le total des sommes reçues chaque jour et versées au compte courant et celles retirées, pour être appliquées soit aux remboursements aux déposants, soit à toute autre dépense.

Il tiendra de plus note, sur un livre particulier, du montant de chaque dépôt, avec indication du nom du déposant.

Lors de la réception des dépôts et des remboursements aux membres participants, le trésorier sera toujours assisté d'un membre de la commission, qui contresignera les mentions à faire sur les livrets et vérifiera à la fin de chaque séance la régularité des inscriptions sur les registres de la Société.

Il rend compte à l'assemblée générale des opérations de l'année.

§ 9. *Ressources de la Société.*

Les ressources de la Société se composent :

1° Des versements des membres fondateurs ;

2° Du montant des souscriptions des membres honoraires ;

3° Des souscriptions moindres que celles qui confèrent le titre de membre honoraire et de toutes autres sommes que la Société pourra recevoir par la suite, à titre de dons ou legs de ses membres ou même de personnes non sociétaires ;

4° Des intérêts que produiront les versements et les fonds déposés en compte courant ou autrement placés à intérêts.

§ 10. *Dépenses de la Société.*

Elles consistent dans :

Les frais de premier établissement ;

Le coût des livrets gratuitement délivrés aux membres participants ;

Les secours accordés à ceux-ci ;

Les primes d'honneur décernées ;

Les frais généraux de gestion, tels que frais de bureau, loyer d'un local, lorsqu'il y aura lieu, salaire d'un trésorier ou receveur fournissant caution, et toutes autres dépenses de ce genre.

§ 11. *Assemblées générales.*

Les membres fondateurs et plus tard les membres titulaires qui leur succéderont ou leur seront adjoints formant l'assemblée générale, se réunissent une fois par an.

Cette assemblée est convoquée, par les soins de la Commission, au moins huit jours à l'avance, par bulletins qui indiqueront les objets à l'ordre du jour.

Elle pourra être convoquée extraordinairement en cas d'urgence reconnue par les deux tiers des membres de la Commission.

Elle est présidée par le président de la Commission.

Ses délibérations sont valables, quel que soit le nombre des membres fondateurs présents, sauf les cas où il s'agirait de modification des Statuts, cas où la présence des deux tiers du nombre réuni des membres fondateurs et titulaires sera nécessaire et la majorité des deux tiers des membres votants pour valider une décision, laquelle devra être soumise à l'approbation de l'autorité compétente.

L'assemblée générale entendra le rapport qui lui sera fait par la Commission sur la gestion de celle-ci et sur la marche des affaires de la Société.

Elle recevra et approuvera, s'il y a lieu, le compte du trésorier, qui présentera un état de situation des ressources de la Société.

Elle délibérera sur toutes les questions et sur tous les objets qui seront soumis à son approbation par les présents statuts, et généralement sur tout ce qui intéresse et peut favoriser le bien-être et le progrès moral des membres dont elle prend le patronage.

Elle nomme au scrutin secret et à la majorité relative, sur bulletins de liste, les membres de la Commission administrative, au fur et à mesure des renouvellements annuels.

§ 12. *Démissions individuelles. — Dissolution.*

Tout membre fondateur ou honoraire qui se refuserait de payer sa cotisation ou souscription annuelle, est considéré comme démissionnaire.

La dissolution de la Société ne pourra être demandée que par l'assemblée générale des sociétaires, convoqués, à cet effet, et sur un exposé des motifs présenté au nom de la Commission.

Le vote de l'assemblée ne sera valable qu'autant qu'il réunira la majorité des deux tiers des membres présents, lesquels devront, dans ce cas, comprendre aussi les deux tiers de la totalité des sociétaires ayant voix délibérative. Si l'assemblée ne réunit pas ce nombre de votants, il sera fait une autre convocation, et à la seconde le vote sera valable à la majorité des membres présents.

En cas de dissolution, les fonds, s'il y en a, seront versés au bureau de bienfaisance.

En aucun cas, le partage des fonds ne saurait avoir lieu entre des sociétaires quels qu'ils soient.

Aucun changement ne pourra être apporté aux présents Statuts sans l'approbation de l'autorité compétente.

SOCIÉTÉ DES HABITATIONS OUVRIÈRES DE LA SEINE

Les soussignés convaincus que les sommes dépensées pour créer et entretenir les établissements de bienfaisance, ainsi que les maisons de répression, sont sensiblement proportionnelles au nombre de gens logés dans de mauvaises conditions, ont résolu d'améliorer les habitations des travailleurs et de donner à ces derniers les moyens de les habiter.

Pour atteindre ce but, et sous la réserve de l'approbation, s'il y a lieu, comme société et établissement d'utilité publique, ils ont fondé une société qui repose sur la bienfaisance pure et sur les bases principales énoncées ci-après.

TITRE PREMIER.

Article I. — Il est fondé à Paris une association de bienfaisance qui prendra le titre de *Société des Habitations ouvrières de la Seine.*

Article II. — La Société a pour objet :

1° De favoriser par tous les moyens, ne touchant pas à la spéculation, reconnus favorables, rapides, économiques et pratiques, l'établissement de logements d'ouvriers sains, commodes et économiques ;

2° De faciliter et d'assurer aux familles nombreuses de travailleurs, l'occupation de ces logements.

La Société ne pourra s'occuper d'aucun autre objet que celui ci-dessus prévu ni se livrer à toute opération qui y serait étrangère.

COMPOSITION DE LA SOCIÉTÉ.

ARTICLE III. — La Société se compose :

1° De membres honoraires ;

2° De membres fondateurs-donateurs ;

3° De membres à vie ;

4° De membres associés.

Les membres honoraires n'ont aucune obligation à remplir envers la Société ; ils sont nommés par le conseil d'administration, soit pour reconnaître un service rendu, soit pour les engager à favoriser l'essor de la Société.

Les membres donateurs-fondateurs sont ceux qui versent 500 fr. au moins dans la caisse de la Société.

Les membres à vie sont ceux qui rachètent leur cotisation moyennant une somme de 250 fr., payée en une fois ou en quatre versements annuels.

Les membres associés s'engagent à verser chaque année une somme de 15 fr.

ARTICLE IV. — Le nombre des membres de l'Association est illimité.

TITRE II.

DE L'ADMINISTRATION DE LA SOCIÉTÉ.

ARTICLE V. — L'association est représentée par un conseil d'administration composé de neuf membres nommés en assemblée générale.

Article VI. — Les fonctions d'administrateurs sont gratuites. La durée de leur mandat est fixée à trois ans.

Le conseil se renouvelle par tiers tous les ans.

Les membres sortants peuvent être renommés.

Article VII. — En cas de vacance par suite de démission ou de décès, les membres restant en exercice pourront s'adjoindre de nouveaux membres qui fonctionneront jusqu'à la prochaine assemblée générale.

Article VIII. — Le conseil d'administration nomme un président, deux vice-présidents, un secrétaire. général et un trésorier.

Article IX. — Le conseil représente la Société dans tous ses actes et statue sur toutes les affaires concernant son administration. Il accepte les legs et donations, et fait tous les actes relatifs au but de la Société.

Le conseil pourvoit à l'administration des fonds, surveille la comptabilité, arrête les comptes, et en général assure l'exécution des statuts.

Article X. — Toutes les délibérations du conseil sont prises à la majorité des voix, et, en cas de partage, celle du président est prépondérante.

Article XI. — Le conseil peut confier à des agents pris en dehors de l'Association, l'exécution de ses délibérations.

RÉALISATION DU BUT.

Article XII. — Chaque année il sera fait, par les soins du conseil d'administration, un rapport sur l'état des logements subventionnés par la Société.

Ce rapport sera imprimé et distribué à tous les membres de la Société.

RESSOURCES ET COMPTABILITÉ.

Article XIII. — Les ressources de la Société consistent dans :

1° Les versements faits par les membres fondateurs et associés de l'œuvre ;

2° Le produit des souscriptions annuelles ;

3° Les allocations ou subventions que le gouvernement, le département et la ville de Paris pourront accorder à la Société ;

4° Les intérêts et les capitaux placés au nom de la Société ;

5° Les dons et legs faits à la Société.

Article XIV. — Le compte-rendu des opérations de la Société est publié tous les ans par les soins du trésorier.

TITRE III.

Article XV. — Aucune répétition ne pourra être exercée par des tiers contre les membres du conseil d'administration.

Article XVI. — Aucune modification ne pourra être apportée aux présents statuts qu'après un vote favorable émis par l'assemblée générale, conformément à la loi.

CONCLUSION

Monsieur,

A l'étranger et notamment en Angleterre, de nombreuses et puissantes Sociétés prêtent par hypothèque sur petites propriétés des fonds fournis par les travailleurs à titre de dépôts. Elles arrivent ainsi à résoudre le problème qui consiste à loger économiquement les ouvriers et à placer leurs économies à un taux bien supérieur à celui que dessert la Caisse d'Épargne. Les heureux résultats obtenus par les sociétés anglaises au point de vue financier m'ont déterminé à chercher des moyens pratiques propres à les établir en France. — C'est dans ce but que j'ai créé les villas des Lilas, du boulevard Murat, de la rue Boileau où j'ai construit une cinquantaine de maisons dont les prix de revient varient entre 3600 et 12.000 fr. J'ai vendu ces maisons, à peine construites, moyennant le paiement pendant quinze ans d'une annuité dont la valeur ne dépasse pas le prix du loyer d'un logement de surface équivalente. Avec le concours de plusieurs amis, j'ai fait dans des quartiers déserts les rues Chanudet, Jonquoy, Jean Dollfus, Cacheux, et, grâce aux facilités de paiement que nous avons accordées, il ne nous a pas fallu plus d'un an pour vendre près de 40,000 mètres de terrain par petits lots.

Il résulte de mes expériences et de l'étude des terrains vagues qui se trouvent encore dans Paris qu'il est aisé de retirer plus de 20 p. %, des fonds engagés dans des opérations analogues à celles qui ont été faites par moi dans divers quartiers de la ville. Ne pouvant avec mes seules ressources satisfaire à près de cinq cents demandes de maisons et de capitaux pour en construire, je me suis adressé à plusieurs sociétés pour les prier de m'aider à développer mes opérations. Les grandes ont refusé en principe de faire des avances à de petits propriétaires ; les autres m'ont proposé des conditions tellement onéreuses que je me suis décidé à fonder le *Crédit foncier populaire* qui aura pour but :

1° D'acheter du terrain bon marché, d'y faire des rues, de le transformer en terrain à bâtir et de le revendre par lots avec facilités de paiement ;

2° De construire quelques maisons sur une partie du terrain, pour donner de la valeur au reste et de les vendre par annuités ;

3° De prêter de l'argent aux personnes qui veulent construire, suivant des plans approuvés, sur les terrains vendus par la Société et de leur donner la facilité de se libérer par annuités ;

4° De rendre disponible le montant des créances à longue échéance par l'émission d'obligations libérales par petits versements.

Ces obligations seront de 100 francs et elles rapporteront 5 °/. d'intérêts.

Pour faciliter le bon fonctionnement de la Société et pour lui permettre de commencer immédiatement ses opérations par l'émission d'obligations, j'offre de lui céder, avec 10 °/. d'escompte, des créances d'une valeur de 300,000 francs, provenant de terrains vendus à raison de 15 francs, et qui valent aujourd'hui de 30 à 40 francs le mètre. Ces terrains sont en outre libérés du quart de leur valeur.

Je viens donc, Monsieur, vous offrir au pair les actions d'une société qui devraient être majorées considérablement par suite de l'apport avantageux que je lui fais de mes créances et des résultats que j'ai obtenus à la suite d'études sérieuses et d'essais coûteux.

J'espère que vous voudrez bien me renvoyer signé le bulletin ci-joint.

Veuillez agréer, Monsieur, l'assurance de ma haute considération.

E. CACHEUX

Officier d'Académie

Ingénieur des Arts et Manufactures

Médaille d'or à l'Exposition de 1878 et médaille de 2º classe
à l'Exposition de Sydney pour l'ouvrage les *Habitations
ouvrières en tous pays,* fait en collaboration
avec M. E. MULLER.

Médaille d'argent et d'honneur pour ses plans
d'habitations ouvrières.

EXTRAIT DES STATUTS

Les actions sont de cinq cents francs, payables — le quart en souscrivant — le solde au fur et à mesure des besoins de la Société suivant appel fait par le Conseil d'Administration.

Bénéfices.

Ces bénéfices seront réalisés :

1º Par la majoration des prix de vente des terrains et maisons ;

2º Par la commission de 1 0/0 payée par les emprunteurs, suivant le système du Crédit Foncier de France.

Partage des bénéfices.

Après prélèvement des intérêts des obligations et de toutes les charges, un intérêt de 5 0/0 sera payé aux actionnaires. Le reste des bénéfices sera réparti de la manière suivante. On donnera :

10 0/0 aux fondateurs du Crédit Foncier Populaire ;

10 0/0 aux membres du conseil d'administration ;

5 0/0 au fonds de réserve ;

50 0/0 aux actionnaires à titre de dividende :

25 0/0 aux clients de la Société, au prorata du chiffre d'affaires traitées avec elle.

Veuillez m'envoyer un exemplaire des statuts et un bulletin de souscription.

En cas de convenance, je compte souscrire 
action de la Société Le Crédit Foncier Populaire.

     Nom

     Prénom

     Rue

Monsieur *C A C H E U X,*

25, *Quai Saint-Michel,*

Paris,

LAVAL, IMPRIMERIE ET STÉRÉOTYPIE E. JAMIN

TABLE DES MATIÈRES

INTRODUCTION. — Étude de moyens propres à détruire la misère. Projet de fondation d'une société d'études destinée à répandre les procédés qui ont rendu des services aux classes laborieuses   I

PREMIÈRE PARTIE

Étude de la question des Habitations ouvrières parisiennes   1
Essais faits à Paris pour loger les ouvriers   5
Vente de maisons par annuité   10

DEUXIÈME PARTIE

Étude des moyens propres à déterminer la construction d'habitations ouvrières convenables   19
Action de l'État au point de vue pécuniaire   20
Étude des résultats obtenus par l'affectation de dix millions à l'amélioration des Habitations ouvrières   24
Traité entre le ministre de l'Intérieur et M. X.., relatif à la construction d'habitations ouvrières   25
Cahier des charges relatif aux logements d'ouvriers du boulevard Mazas   27
Rapport fait au ministre de l'intérieur sur la cité ouvrière de Mulhouse   31
Rapport sur le projet Puteaux   35
Étude sur les maisons démontables   38
Étude sur les logements garnis   40
Projet de cité industrielle   41
Étude du projet Gastebois. Villas ouvrières en dehors de Paris . . .   43
Étude de projets reposant sur la loterie   45

Etude de projets reposant sur la Philanthropie 46
Action de l'Etat au point de vue législatif, ... 47
Lois répressives 49
Action de l'État au point de vue moral. 50
Action des villes 51
Action des membres du clergé, des instituteurs 58
Action des médecins. — Action de la justice. — Action de l'industrie. 59
Action de l'assistance publique 62
Action de la charité. 65
Action de l'association 69
Sociétés philanthropiques. 71
Sociétés de spéculation 73
Action des sociétés composées d'ouvriers, ... 74
Détails sur l'organisation et fonctionnement des Land and building
    societies 75

TROISIÈME PARTIE

Projet de statuts de la société parisienne des Habitations
    économiques. 83
Observations sur les statuts de la société parisienne des habitations
    économiques. 101
Devis estimatif de deux maisons établies passage Boileau 106
Mise en état de viabilité de l'impasse Boileau. 112
Mise en état de viabilité du passage Boileau. 113
Canalisation en tuyaux Doulton pour envoyer les vidanges à
    l'égout. 115
Formule de demande d'acquisition de maison 119
Modèle de contrat de location avec promesse de vente et avance
    d'argent pour permettre au locataire de construire 123
Modèle d'acte relatif aux paiements à faire en sus du loyer pour
    devenir propriétaire 126
Modèle de contrat de vente 127
Modèle de cahier de charges 130
Modèle de circulaire à envoyer pour recueillir des cotisations . . 141
Tableau des annuités à payer pour amortir un capital de 100 fr.
    et des valeurs obtenues par le placement de versements annuels
    aux taux de 3, 4 et 5 pour cent. 143
Modèle de carnet de quittances à l'usage de locataires de maisons à

étages   144
Règlement relatif à l'occupation des maisons à étages de la Société
    parisienne des Habitations économiques   145
Modèle de carnet de quittances, relatif à la location avec promesse
    de vente de maisons isolées.   147
Modèle de registre à employer pour opérations relatives à des
    ventes par annuités.   151
Modèle de règlement pour hôtel meublé à l'usage de célibataires. .   153

QUATRIÈME PARTIE

Statuts de sociétés de bienfaisance qui ont pour but de loger à prix
    réduits les travailleurs   165
Œuvre des loyers du xviie arrondissement.   165
Société des loyers de Strasbourg.   170
Société des Habitations ouvrières de la Seine.   181

CONCLUSION

Circulaire relative à la fondation du Crédit Foncier Populaire . . .   183

LAVAL, — IMPRIMERIE ET STÉRÉOTYPIE E. JAMIN.

LES

HABITATIONS OUVRIÈRES

EN TOUS PAYS

Situation en 1878. — Avenir.

PAR

ÉMILE MULLER

Officier de la Légion d'Honneur, Ingénieur, Professeur à l'École centrale des Arts
et Manufactures et à l'école spéciale d'Architecture.
Ancien président de la Société des ingénieurs civils, architecte des cités ouvrières de Mulhouse

ET

ÉMILE CACHEUX

Officier d'Académie, Ingénieur des Arts et Manufactures ;
Propriétaire d'habitations ouvrières

Médaille d'or à l'exposition de 1878.
Médaille de deuxième classe à l'exposition de Sydney.

TEXTE

1re Partie. De la nécessité de continuer à s'occuper de l'amélioration des
logements d'ouvriers.
2e Partie. Étude complète de toutes les parties d'une habitation ouvrière
et des moyens à employer pour en établir le plus grand
nombre possible.
3e Partie. Étude des building societies.
4e Partie. Recueil des statuts de diverses sociétés, de devis de maisons
ouvrières, de modèles de cahiers de charges, de baux, d'actes
de vente, de règlements de police, etc.
5e Partie. Bibliographie complète des ouvrages concernant les Habitations
ouvrières qui ont paru en France et à l'étranger.

ATLAS

72 planches donnent les plans d'exécution et les détails très complets
de près de cent types d'habitations ouvrières, exécutés en France, en
Algérie, en Allemagne, en Amérique, en Belgique, en Autriche, en
Danemarck, en Espagne, en Hollande, en Italie, en Norwège, en Russie,
en Suède, en Suisse, et les divers systèmes de constructions économiques
qui ont valu à leurs auteurs des récompenses (systèmes Tollet, S. Ferrand,
Lascelles, Hugedé) à l'exposition de 1878.

Se trouve à la librairie Baudry, 15, rue des Saints-Pères, Paris.

BIBLIOTHEQUE NATIONALE

SERVICE DES NOUVEAUX SUPPORTS

58, rue de Richelieu, 75084 PARIS CEDEX 02 Téléphone 266 62 62

Achevé de micrographier le :   7 / 3 / 1977

Défauts constatés sur le document original

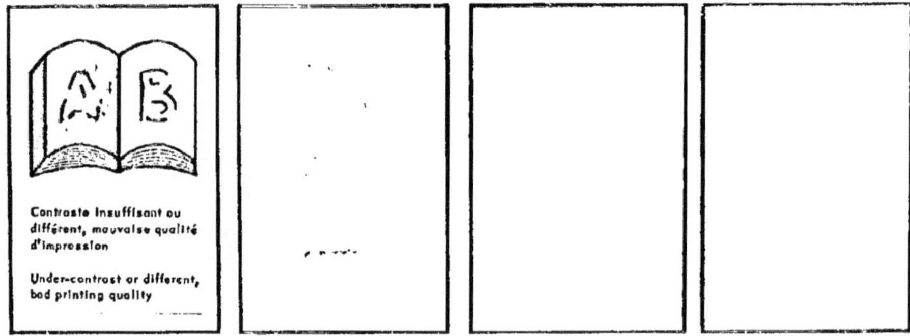